水行政执法人员培训系列丛书

典型水事违法案例评解

主　编　兰　威　任顺平

副主编　张少阳　侯国伟　吴　彦

黄河水利出版社

·郑州·

图书在版编目（CIP）数据
典型水事违法案例评解 / 兰威，任顺平主编.
郑州 : 黄河水利出版社，2025. 1. -- (水行政执法人员培训系列丛书). -- ISBN 978-7-5509-4089-5
Ⅰ. D922.665
中国国家版本馆CIP数据核字第2025GE1000号

策划编辑：母建茹　电话：0371-66025355　Email：273261852@qq.com

责任编辑　王燕燕　　　　责任校对　陈彦霞
封面设计　黄瑞宁　　　　责任监制　常红昕
出版发行　黄河水利出版社
地址：河南省郑州市顺河路 49 号　邮政编码：450003
网址：www.yrcp.com　Email：hhslcbs@126.com
发行部电话：0371-66020550
承印单位　河南博之雅印务有限公司
开　　本　787 mm × 1092 mm　1/16
印　　张　5.5
字　　数　114 千字
版次印次　2025 年 1 月第 1 版　　2025 年 1 月第 1 次印刷

定　　价　48.00 元

前　言

中共中央、国务院《法治政府建设实施纲要（2021—2025 年）》明确提出，要建立行政执法案例指导制度，国务院有关部门和省级政府要定期发布指导案例。为全面落实“谁执法谁普法”普法责任制，加强以案释法，编写了《典型水事违法案例评解》一书。

《典型水事违法案例评解》收集了水利部黄河水利委员会 2018—2020 年河湖执法三年攻坚战工作中具有代表性和指导意义的典型案例，以及有关人民法院公布的涉水典型案例。通过对违法事实、适用法律法规、执法程序、执法文书的制作等内容进行点评，总结经验，查找问题，严格执法办案程序，提升执法水平，为黄河流域生态保护和高质量发展筑牢生态屏障保驾护航。

本书在编写过程中，水利部黄河水利委员会有关单位给予了大力支持，黄河水利委员会政策法规局原二级巡视员沈平伟同志做了大量的指导工作。本书由兰威、任顺平担任主编，张少阳、侯国伟、吴彦担任副主编。参加本书编写的有王洪旗、潘东撑、刘金友、程好进、李鹏、田雨可、许壮、马小芳、程迎莹等，在此，我们表示感谢。

为深入贯彻落实习近平总书记关于黄河保护治理系列重要讲话精神，进一步增强推动黄河流域生态保护和高质量发展的责任感、使命感，提升水行政管理与执法能力，推进水政监察队伍的专业化、职业化建设，特编写此书。我们希望本书能够给各级水行政主管部门、水政监察人员以启迪，进一步提升水行政执法工作水平。

由于时间仓促，加之编者水平有限，疏漏、不当之处在所难免，敬请广大读者不吝指正。

编　者

2024 年 12 月

目 录

金某在 L 县黄河河道内非法存放物料案

一、案情简介

2018 年 11 月，H 省 K 市 L 县村民金某在黄河下游省际交界河段非法实施采砂，但是其偷采砂石的行为在 S 省境内，堆砂行为在 H 省境内，堆砂量约 14.5 万立方米，堆砂量较大，而且距河道较近，发生洪水时将严重阻碍黄河河道行洪。

二、处理过程与结果

2018 年 11 月 2 日，L 县人民政府组织 L 县环境污染攻坚办和公安、河务、自然资源等部门召开专题会议，研究处理游荡在黄河 H 省与 S 省交界河段的非法采砂问题，由有关职能部门组成联合执法组查处该违法行为。当日，联合执法组组织 L 县公安局、L 河务局将采砂船只吊离出黄河河道。为确定管辖权限，L 县国土测绘大队对该砂场堆砂区进行定位，确定该砂场堆砂占用的土地为 L 县的土地，土地性质为基本农田和建筑用地。L 县自然资源局、L 河务局分别依据《中华人民共和国土地管理法》和《H 省黄河河道管理办法》的相关规定，对其立案查处。

2018 年 11 月 9 日，L 河务局通过询问当事人金某和现场勘验确认：金某在 L 县黄河某控导工程 1 坝背河 70 米处滩地内存放物料（砂土）约 14.5 万立方米。11 月 13 日，L 河务局向当事人金某下达《责令（限期）改正通知书》，责令当事人金某纠正违法行为，采取补救措施，将违法砂堆清出 L 县黄河河道，但当事人金某拒不执行责令改正内容。L 河务局将相关情况向 L 县人民政府报告，由 L 县人民政府组织公安、当地乡镇政府对该砂场堆砂区进行强制清除。11 月 17 日，L 河务局对堆砂现场进行检查，确认完成了清除工作。

2018 年 12 月 14 日，L 河务局经重大复杂案件集体讨论后，拟对金某处以罚款人民币 50 000 元的行政处罚，鉴于 L 县自然资源局已对其作出处以 875 668 元罚款的行政处罚决定，根据《中华人民共和国行政处罚法》（2017 年修正）［简称《行政处罚法》（2017 年修正）］第二十四条“对当事人的同一个违法行为，不得给予两次以上罚款的行政处罚”的规定，认为黄河河道主管部门作出的罚款行政处罚不再执行。12

月 19 日，向当事人金某送达《行政处罚事先告知书》，当事人金某在法定期限内未提出陈述、申辩。

2018 年 12 月 26 日，经法制审核后，L 河务局向当事人金某下达《行政处罚决定书》，对其处以 50 000 元罚款，罚款处罚不再执行。当事人金某在法定期限内未申请行政复议和提起行政诉讼。该案件结案。

三、案件焦点

（一）金某非法采砂地和存放物料地不一致的管辖问题

《行政处罚法》（2017 年修正）第二十条规定："行政处罚由违法行为发生地的县级以上人民政府具有行政处罚权的行政机关管辖。"行政处罚由违法行为发生地的县级以上地方人民政府具有行政处罚权的行政机关管辖是地域管辖的一般原则。

实践中，违法行为有"准备地""发生地""结果地"等多个行为地。本案中，当事人金某实施非法采砂的行为发生在 S 省，而其堆砂行为却在 H 省。当事人金某存放物料的黄河河道管理范围归属于 H 省 L 河务局，但是 L 河务局依法无权对当事人金某发生在 S 省的非法采砂行为实施管辖，只能够对当事人金某在 H 省 L 县黄河河道范围内存放其非法开采的砂的违法行为享有管辖权。因此，H 省 L 县 L 河务局对村民金某在黄河河道管理范围内非法堆放物料的行为进行立案查处。

（二）对金某的同一个违法行为违反多个法律规范问题的处理

黄河河道管理范围内的土地兼具河道、湿地、可耕地等多种属性。在黄河滩区发生的非法采砂、堆放砂石等物料的行为，同时违反水利、生态环境保护、土地管理等法律法规。黄河河务、生态环境、自然资源、湿地管理等部门根据各自行业的法律法规都享有管辖权，《行政处罚法》（2017 年修正）第二十一条规定："对管辖发生争议的，报请共同的上一级行政机关指定管辖。"本案中，L 县政府指定该县黄河河务部门和自然资源部门共同查处该案。

（三）对金某的同一个违法行为，不得给予两次以上罚款的行政处罚规定的理解与适用

《行政处罚法》（2017 年修正）第二十四条规定："对当事人的同一个违法行为，不得给予两次以上罚款的行政处罚。"一事不再罚，又称为"一行为不二罚"和"禁止双重罚"。从名称可以看出，主要用于限制国家针对当事人的同一个违法行为设定或者实施多个处罚，既包括针对一个违法行为已经进行处罚后，再以其他规范为依据进行追罚，也包括同时作出多个处罚。

本案中，当事人金某在 L 县占用黄河河道范围内的土地存放其非法开采的砂的违法行为，既违反了水利法律规范，又违反了土地法律规范，而且水利、土地法律规范规定都应给予罚款的行政处罚。在这样的情况下，究竟该如何处理，该按照哪一个法

律规范进行罚款处罚呢。加之，水利、土地这两个不同法律规范的执法主体不同，究竟该由哪一个行政机关来作出行政处罚。

本案中，按照L县人民政府的协调意见，由自然资源、黄河河务部门分别依据各自的法律规范进行处理。据此，L县自然资源局对金某在L县占用黄河河道范围内的土地存放其非法开采的砂的违法行为给予875 668元罚款的行政处罚，L河务局在L县自然资源局给予罚款行政处罚后，并未实际执行本单位作出的50 000元罚款的行政处罚。

实务中应当注意的是，《行政处罚法》（2017年修正）第二十四条规定一事不再罚原则，仅限于罚款这种行政处罚种类。如果当事人的违法行为，除应当承担罚款的行政处罚外，还可以根据其违法事实、情节、后果，给予《行政处罚法》（2017年修正）第八条规定的罚款以外的其他处罚种类，以及其他行政处罚种类之间，不存在不能并罚的问题。

（四）对金某处以“罚款数额高的规定”的处理

L县自然资源局根据当事人金某的违法行为事实、情节、后果，决定对金某给予875 668元罚款的行政处罚。L河务局根据当事人金某的违法行为事实、情节、后果，决定给予罚款的行政处罚的上限仅为50 000元。那么，对当事人金某同一个违法行为违反多个法律规范该如何给予罚款处罚呢？

L县自然资源局作出的罚款数额高于L河务局作出的罚款数额，根据《行政处罚法（2021年修订）》第二十九条“同一个违法行为违反多个法律规范应当给予罚款处罚的，按照罚款数额高的规定处罚”的规定，那么应当执行L县自然资源局作出的罚款数额的行政处罚。L河务局在进行综合讨论后，对当事人金某处以了罚款的行政处罚但实际未执行罚款的行政处罚决定。

四、案件点评

村民金某的行为违反了《H省黄河河道管理办法》第二十四条第三项“在黄河河道管理范围内进行下列活动，必须报经黄河河道主管机关批准；涉及其他部门的，由黄河河道主管机关会同有关部门批准：……（三）在河道滩地存放物料、修建厂房或者其他建筑设施”的规定，依据《H省黄河河道管理办法》第四十三条“违反本办法规定，有下列行为之一的，由县级以上黄河河道主管机关责令其纠正违法行为、采取补救措施，并可以按照下列标准处以罚款：未经批准在河道滩地存放物料，修建厂房或者其他建筑设施，开采地下资源，进行考古发掘的，处一万元以上五万元以下罚款”的规定，依法应当给予行政处罚。

（一）本案是黄河下游省际河段一起典型非法采砂堆砂案

案件发生在H省与S省的省际交界河段，位置特殊，且属于黄河下游游荡型河段，造成河道内滩地权属模糊，水行政执法难度大。不法分子利用该河段的特点，以打“游击”采砂的方式逃避两省相关职能部门的行政执法。

本案中，因地域管辖权的限制，一个非法采砂行为被机械地分为开采砂石和堆放物料两个违法行为，在实务上不利于问题解决。黄河上下游、左右岸省际间应建立联合执法机制，实现对涉河违法行为的联合查处，才能有效地弥补执法缺位问题。但是，目前省际间交界河段，无论是在流域管理机构系统，还是地方政府系统，建立完善的具有可操作性的联合执法机制还是值得研究的课题。

（二）在地方政府统筹下实现对案件的迅速有效解决

近年来，非法采砂案件由于涉及行洪和生态环境安全被媒体关注较多，具有紧迫性和敏感性，要迅速有效地解决此类违法行为，由属地政府统筹组织开展联合执法，有利于强化执法力量，弥补执法缺位，合理合法地消除违法行为带来的危害。L 河务局积极向 L 县政府汇报，L 县政府组成联合执法组进行调查处理，由自然资源部门明确土地的权属为 H 省区域，性质为基本农田；L 河务局与 L 县自然资源局从水利和土地管理两个行业法律规范同时立案查处，确保了河道行洪安全和土地管理安全；公安、河务等部门快速将非法采砂船和砂堆清理出黄河滩区，该案得以迅速有效地解决。

（三）正确处理黄河河务部门与其他职能部门行政处罚之间的关系

L 河务局与 L 县自然资源部门同时立案，在行政处罚程序中难免会遇到很多两部门协调不力的问题，如不加强协调联动，则可能会造成查处进度缓慢。

本案中，L 河务局加强与 L 县自然资源部门的沟通联系，在查处该案的过程中强化协调配合，形成两部门间的良性互动。严格执行《行政处罚法》（2017 年修正）“一行为不得给予两次以上罚款”的规定，依据本行业法律规范，主动调整行政处罚决定，合法合理地处理河务部门行政处罚与自然资源部门行政处罚之间的关系，做到了案件定性准确，适用法律正确，行政处罚适当。

Q 省 H 市 P 区交通运输局擅自建设湟水河大桥案

一、案情简介

2018 年 5 月，Q 省 H 市 P 区交通运输局在黄河一级支流湟水河 H 市区河段开工建设大桥。该桥设计桥长 86 米，跨径 4×20 米，桥宽 40 米，与两岸防洪堤平交。Q 省 H 市 P 区水务局巡查时发现，P 区交通运输局已开始在河道内开展大桥桩基施工，施工围堰占去湟水河约 2/3 的行洪河宽，严重威胁河道防洪安全。

二、处理过程与结果

（一）前期执法

2018 年 6—9 月，黄河 ×× 管理局向 P 区交通运输局下达执法检查意见书，P 区水务局对 P 区交通运输局下达责令停止水事违法行为通知书。P 区交通运输局以桥梁建设是政府工程，有行业主管部门、发展和改革部门的批复文件等为由，拒绝接收相关执法文书，继续违法施工。

2018 年 9 月，水利部黄河水利委员会（简称黄委）联合 Q 省水利厅，对该建设项目进行联合执法检查，P 区交通运输局现场负责人仍不配合检查，而且态度恶劣，直接离开现场。

（二）中期督办

2019 年 4 月，水利部政法司和黄委组成联合督查组，再次对该项目进行执法督查，发现大桥已完成桥梁下部结构施工及河岸砌护等。黄委决定对该案挂牌督办。迫于压力，P 区交通运输局主动到黄委承认错误，表示愿意补办有关手续。黄委召开主任办公会议研究认为，大桥未批先建，其工程建设方案存在跨径偏小、与水流夹角过大、施工期间填筑的施工围堰占去湟水河约 2/3 的行洪河宽等问题，严重威胁河道防洪安全。黄委向 Q 省河长制办公室（简称 Q 省河长办）下发了文件，要求其于 2019 年汛期前完成拆除，恢复河道原貌。

（三）拆除整改

2019 年 5 月 13 日，在黄委和 Q 省河长办联合督办下，H 市委书记、总河湖长签发了H市第1号总河湖长令，责成P区人民政府于5月30日汛前拆除大桥，恢复河道原貌。当日，P区交通运输局组织施工力量进驻现场，开始实施违建桥梁拆除工作。

截至2019年5月29日，共拆除桥台（含承台、耳墙、台柱等）2个、盖梁3个、墩柱15个，清除钢筋108吨，桥墩柱钢护桶15个，水泥混凝土废渣642立方米，清理河道围堰3 916立方米，修复防洪堤8.3立方米，回填植土1 606立方米，栽植苗木700余株。经H市河长制办公室验收后，黄委同意对该违法建设问题销号。同时，H市纪检监察部门对建设单位、施工单位有关人员进行责任追究。

至此，经黄委及其所属黄河××管理局、Q省河长办和H市等各方不懈努力，违法建设的湟水河大桥桥梁全部拆除，基本恢复河道原貌，进行了河岸绿化，有效维护了湟水河河道秩序和防洪安全。

三、案件焦点

（一）P区交通运输局可以成为行政处罚案件的当事人

《行政处罚法》（2017年修正）第四条规定："公民、法人或者其他组织违反行政管理秩序的行为，应当给予行政处罚的，依照本法由法律、法规或者规章规定，并由行政机关依照本法规定的程序实施。"此条款并没有将行政机关排除在行政处罚当事人范围之外，因此行政机关是可以成为行政处罚案件的当事人。

本案中，如果启动行政处罚程序查处，当事人应当为P区交通运输局。虽然P区交通运输局依法可以成为本案行政处罚的当事人，但是因其是P区政府的职能部门，行政处罚对惩戒其违法行为难以起到应有的效果，故未对P区交通运输局启动行政处罚程序，后期由纪检监察部门对有关人员进行了追责。

（二）涉案大桥的行业主管部门、发展和改革部门等相关地方政府组成部门的批准文件不能代替黄委在授权河道管理范围的批准文件

本案中，涉案大桥具有交通行业主管部门、发展和改革部门的批准文件，P区交通运输局以此为理由，认为涉案大桥合法，在初期拒不配合执法。根据《中华人民共和国防洪法》（简称《防洪法》）第二十七条规定，建设跨河的桥梁，其工程建设方案未经有关水行政主管部门审查同意前，建设单位不得开工。建设项目在行政许可阶段，依法需要经过多个职能部门的审批，缺少一项许可，该项目即是违法。P区交通运输局未经该河道管理机构黄委的审查同意即开工建设，违反了《防洪法》的规定，黄河××管理局等有关部门对其进行查处是正确的。

（三）黄委根据《防洪法》相关规定责令其补办行政许可手续，但是因该大桥严重威胁河道防洪安全而被拆除

《防洪法》第五十七条规定："违反本法第二十七条规定，未经水行政主管部门对其工程建设方案审查同意或者未按照有关水行政主管部门审查批准的位置、界限，

在河道、湖泊管理范围内从事工程设施建设活动的，责令停止违法行为，补办审查同意或者审查批准手续；工程设施建设严重影响防洪的，责令限期拆除，逾期不拆除的，强行拆除，所需费用由建设单位承担；影响行洪但尚可采取补救措施的，责令限期采取补救措施，可以处一万元以上十万元以下的罚款。”

本案中，涉案大桥的工程建设方案未经黄委的审查同意，P 区交通运输局即开工建设，依法应当准许补办审查同意手续，黄委对涉案大桥项目进行审查后认为：工程建设方案存在严重影响防洪的问题，无法采取补救措施，因此责令限期拆除。

S省××能源集团有限公司在L县黄河河道内擅自扩大建设护岸工程案

一、案情简介

L 县孟门镇黄河护岸工程位于黄河左岸 S 省 L 县孟门镇境内，建设单位为 ×× 能源集团有限公司（简称 ×× 能源公司）。2012 年 7 月，经水利部黄河水利委员会同意，黄委 S 黄河河务局（简称 S 河务局）向 ×× 能源公司发放审查同意书，同意 ×× 能源公司在 L 县贺龙沟口下游 1.4 千米处修建 1.975 千米护村护岸工程，工程结构为混凝土挡墙，采用框格结构，防洪标准为 20 年一遇洪水。

2013 年 2 月，该工程开工建设。建设期间，×× 能源公司未按照许可审查同意书要求，超出许可范围建设，擅自在批准工程上下游分别违法扩建护岸工程累计长度 16.12 千米，私自抬高挡墙 9.46 ～ 9.96 米，并且在工程临河侧打了 9 千米长的双排混凝土桩，修建长 9 千米、宽约 25 米的二级平台，局部占用河道超 40%，河道滩地被大量侵占，明显改变河道形态，严重影响河势稳定，阻碍黄河河道行洪和威胁黄河防汛安全。

二、处理过程与结果

2013 年 3 月 22 日，S 河务局所属 B 管理局在开展河道巡查和建设项目监督检查时，发现 ×× 能源公司违法建设护岸工程，现场要求其立即停止违法行为，对其下达了《责令停止水事违法行为通知书》，督促 L 县人民政府责令当事人立即停止违法行为。S 河务局多次现场制止违法建设行为，相继约谈 L 县水利部门责任人、分管副县长、县长等，通报违法事实和性质的严重性，要求政府严肃查处，但未取得实际效果。

2014 年 8 月，黄委水政监察局现场约谈 L 县政府主要负责人后，违建工程全面停止施工，L 县人民政府成立违建黄河护岸坝整改领导小组，开展违建项目整改拆除工作。受建设单位资金和社会稳定问题影响，整改工作未取得明显进展。

2016 年 11 月至 2017 年 10 月，×× 能源公司再次违法开工建设该护岸工程，S 河务局随即向黄委水政监察局和 S 省防汛抗旱指挥部（简称 S 省防指）进行专题汇报，S 省防指将该违建护岸工程纳入 S 省“清河行动”。黄委及其所属的 S 河务局、S 省水利厅和地方有关政府多次督办后，×× 能源公司仍未停止违规建设，且持续建设违法黄河护岸工程达 16 千米。

2018 年起，黄委对该案进行挂牌督办。7 月 25 日，时任水利部部长鄂竟平对该案作出“严令整改，违者严处”的批示。8 月 1 日，水利部向 S 省人民政府发出《关于商请对 S 省 L 县孟门镇黄河护岸工程违法违规建设进行调查处理的函》。8 月 10 日 S 省水利厅提请黄委对整改方案进行审核。8 月 13 日，黄委回复基本同意整改方案。当日，L 县委、县政府启动拆除整改工作，截至 2018 年 12 月，按照黄委审查同意的《L 县孟门镇违法护岸工程洪水影响分析报告》和《黄河 L 段孟门镇护岸工程的整改方案》要求，完成护岸工程整改拆除工作，并对相关责任人进行责任追究。

2018 年 12 月 20 日，S 河务局联合黄河水利科学研究院对孟门镇黄河护岸违建工程拆除范围坐标进行复核。12 月 25—26 日，黄委联合 S 省水利厅对整改结果进行验收。至此，L 县孟门镇黄河护岸违建工程已按照要求全部整改完成。

三、案件焦点

本案是 ×× 能源公司违反有关同意书的要求，擅自扩建护岸工程的严重违法行为。

如何确定违反的《防洪法》条款是本案的焦点。《防洪法》第十七条是关于水工程监督管理的法律规范，《防洪法》第二十七条是关于河道管理范围内建设项目监督管理的法律规范，对两种工程的监督管理是不相同的。护岸是防洪工程，属于《防洪法》第十七条规定的水工程，在江河、湖泊修建护岸的，应当取得水行政主管部门签署的符合防洪规划要求的规划同意书。

×× 能源公司虽然取得了规划同意书，但是不按照规划同意书修建护岸工程，应当适用《防洪法》第五十三条的规定，责令限期拆除或者责令限期采取补救措施，并可以处罚款。

四、案件点评

本案是 ×× 能源公司未按照水行政许可审查同意书要求，擅自扩大护岸工程建设范围，侵占黄河主河道，妨碍河道行洪，影响黄河防汛安全的典型河道案件。

（一）×× 能源公司擅自扩大建设行为性质与后果严重

×× 能源公司擅自扩大工程建设范围，占用河道宽度超 40%，河道滩地被大量侵占，明显改变河道形态，严重影响河势稳定，阻碍河道行洪，严重威胁黄河防洪安全。自 2013 年发现工程违规建设以来，多家管理单位多次下发整改通知并现场督导通报，但建设单位边查边建、拖延不改，违法违规行为严重，性质十分恶劣。

（二）S 河务局等单位依法切实履行黄河河道监督管理职责

自 2012 年发现该违法行为至 2018 年，×× 能源公司违法修建的护岸整改完成，S

河务局等单位积极履行河道监督管理职责，坚持不懈予以查处，一方面加强监管，督促 ×× 能源公司改正违法行为，查处扩建的护岸。另一方面沟通 S 省、市、县有关部门介入查处此违法行为，最终完成整改，恢复了黄河河道原貌，维护了黄河河道正常秩序，保证了黄河河道行洪顺畅，保障了黄河防洪安全。

（三）违法行为久拖不决的原因剖析

×× 能源公司在黄河 L 段擅自扩大建设护岸工程案，违规建设活动持续时间长，后果严重，而且拒不执行 S 河务局等单位的监督管理，违法行为性质十分恶劣。究其原因，主要是 ×× 能源公司在当地实力雄厚、社会影响较大，其负责人社会背景复杂，加之地方政府及其相关职能部门存在畏难情绪，致使本案历时 5 年才得到处理。

该案能够得到有效解决，得益于黄委各级管理机构和地方各级水行政主管部门全面贯彻党中央、国务院关于推行河长制湖长制的有关规定，认真落实《水利部办公厅关于开展全国河湖“清四乱”专项行动的通知》（办建管〔2018〕130 号）要求，联动督办，攻坚克难，完成整改。

J 市 L 区 ×× 村民委员会在黄河河道范围内违法建设妨碍行洪建筑物案

一、案情简介

2008 年至 2018 年期间，J 市 L 区 ×× 村民委员会（简称 ×× 村委）在 J 市 L 区黄河河道内修建庙宇、牌坊、饭店、围堤、假山等妨碍行洪的建筑物、构筑物，项目规划占地 1 000 余亩[①]，投资约 10 亿元。该项目地处黄河河道主流急转弯河段处，险工极易受黄河主流顶冲，历来是 J 市黄河防汛的重点部位。×× 村委兴建的大量违法建筑物、构筑物，既缩窄了行洪断面，又形成了阻水障碍，严重影响黄河河道行洪和防洪工程安全。

二、处理过程与结果

2008 年 12 月，L 河务局水政监察人员在巡查中发现 ×× 村委在黄河河道内违法建设建筑物、构筑物，立即立案查处。

2008 年 12 月至 2010 年 5 月期间，多次对当事人下达责令改正通知书，责令其限期清除已建建筑物、构筑物等行洪障碍，并对其作出罚款 49 000 元的行政处罚决定。×× 村委拒不执行 L 河务局的整改要求和处罚决定，继续在河道内违法建设建筑物、构筑物等。

2010 年 11 月，L 河务局依法向 J 市 L 区人民法院申请强制执行处罚决定，得到人民法院的支持。在人民法院作出限期拆除违法建筑物的行政裁定书后，×× 村委仍不执行法院裁定。

该村庄是省会城市沿黄村庄，当事人 ×× 村委主要负责人打着为村民谋福利的旗号，鼓动村民到 L 河务部门闹事，围堵 L 河务部门的单位大门，阻断职工的通行道路，致使案件查处工作举步维艰。×× 村委继续违法扩大建设规模，截至 2014 年汛前，在河道管理范围内建成庙宇、饭店等房屋 148 间 1.5 万平方米，游廊、院墙、围堤 1.66 千米，总建筑面积达 4.06 万平方米。

针对 ×× 村委在黄河河道建设妨碍行洪建筑物、构筑物等严重违法行为，水利部黄河水利委员会召开专题会议研究，认为该违法建筑群挤占河道，严重影响行洪，必须

① 1 亩＝1/15 公顷，全书同。

拆除。2016 年 6 月，黄河防汛抗旱总指挥部（简称黄河防总）向 Q 省防汛抗旱指挥部（简称 Q 省防指）下达清障令。Q 省政府、J 市委主要负责人高度重视，先后作出批示，要求按照黄河防总清障令坚决清除，要求 Q 省人民政府督查室牵头，河务、国土、城管等部门参加，每周督查清障工作进度。由于受“宁毁万间屋，不拆一座庙”思想的影响，当地群众不同意毁掉庙中佛像，对清障工作横加阻挠，致使清障工作不彻底。

2019 年初，黄委携手检察机关，借助公益诉讼平台，强力推进违建寺庙拆除工作。截至 2019 年 3 月，×× 村委在黄河河道中建设的妨碍行洪建筑物、构筑物等违法建筑被全部拆除。L 河务部门携手司法机关，在滩区原违法建筑群位置建立了黄河生态环境司法修复基地。

三、案件焦点

（一）×× 村委可以作为行政处罚的当事人

《中华人民共和国行政处罚法》（2009 年修正）第三条规定：“公民、法人或者其他组织违反行政管理秩序的行为，应当给予行政处罚的，依照本法由法律、法规或者规章规定，并由行政机关依照本法规定的程序实施。”村民委员会应属于“其他组织”，依法可以作为行政处罚案件的当事人。本案中，妨碍行洪的建筑物、构筑物是由 ×× 村委组织建设的，L 河务局将 ×× 村委作为行政处罚当事人是正确的。在后期，L 河务局在申请非诉执行时，属地人民法院也支持 L 河务局的执行申请，这说明村民委员会可以作为行政处罚的当事人。实务中，不能因村民委员会的性质，就认为不能将其作为案件当事人，使违法行为的查处陷入无当事人的困境。

（二）本案经过两次立案查处

L 河务局于 2008 年 12 月立案查处 ×× 村委的违法行为，2010 年 5 月下达《行政处罚决定书》，2010 年 12 月属地人民法院裁定准予执行，但是，此后未拆除 ×× 村委组织建设的违法建筑物、构筑物。2011 年 6 月，再次针对该违法行为进行立案查处，2011 年 7 月下达《行政处罚决定书》，本案仍然没有得到有效解决。前一次立案在未达到结案标准的情况下，再一次立案不符合法定程序。

（三）本案第二次立案查处适用法律错误

本案第二次行政处罚程序中，L 河务局认定 ×× 村委的行为违反了《S 省黄河河道管理条例》（2008 年修订）第十九条的规定，依法应当适用第四十五条予以处罚，但是 L 河务局却适用的是第四十四条，处以 95 000 元罚款，显属适用法律错误。

四、案件点评

本案是 ×× 村委在黄河河道管理范围内建设庙宇、饭店、游廊、院墙、围堤等妨碍行洪的建筑物、构筑物，缩窄行洪断面，形成阻水障碍，严重妨碍黄河河道行洪，严重影响黄河防洪安全的典型河道案件。

××村委的行为违反了《防洪法》第二十二条第二款“禁止在河道、湖泊管理范围内建设妨碍行洪的建筑物、构筑物，倾倒垃圾、渣土，从事影响河势稳定、危害河岸堤防安全和其他妨碍河道行洪的活动”的规定。根据《防洪法》第五十五条“违反本法第二十二条第二款、第三款规定，有下列行为之一的，责令停止违法行为，排除阻碍或者采取其他补救措施，可以处五万元以下的罚款：（一）在河道、湖泊管理范围内建设妨碍行洪的建筑物、构筑物的”，应当给予行政处罚，但是本案却历时10余年，足见基层水行政执法工作的艰辛。

（一）L河务局认定××村委违法大规模兴建妨碍行洪建筑物、构筑物的事实清楚，法律依据充分

经L河务局立案调查，当事人在黄河河道内建设的庙宇、饭店、游廊、院墙、围堤等总建筑面积达4.06万平方米，违法建设的妨碍行洪的建筑物、构筑物数量多，面积大，事实清楚，证据确凿。

当事人××村委的上述行为严重违反了《防洪法》第二十二条第二款“禁止在河道、湖泊管理范围内建设妨碍行洪的建筑物、构筑物，倾倒垃圾、渣土，从事影响河势稳定、危害河岸堤防安全和其他妨碍河道行洪的活动”的规定。

黄河防总依据《防洪法》第四十二条第一款“对河道、湖泊范围内阻碍行洪的障碍物，按照谁设障、谁清除的原则，由防汛指挥机构责令限期清除；逾期不清除的，由防汛指挥机构组织强行清除，所需费用由设障者承担”的规定，向Q省人民政府防汛抗旱指挥部下达清障令，要求清除该违法建筑物、构筑物。J市政府组织L区、T区防汛抗旱指挥部，对违法建筑物进行了强制拆除，符合相关法律规定。

（二）黄河河务部门与人民法院、人民检察院协作，合力清除行洪障碍

××村委顶风作案，边查边建，除其社会背景复杂、法治观念淡薄，涉及多方利益外，还存在水行政执法力量薄弱、水行政处罚决定执行难等问题。

L河务局及时向人民法院申请强制执行，并与检察院携手，借助公益诉讼平台，最终在黄委、Q省政府等各级领导的高度重视下，通过协调各方力量联合执法，促成案件的顺利解决。××村委在黄河河道兴建妨碍行洪建筑物、构筑物等的案件处理历时10余年，终于得到圆满解决。为了警示违法者，在滩区原违法建筑群所处位置，建立了黄河生态环境司法修复基地，为黄河生态保护树立了标杆。

（三）地方经济社会的发展，不能成为侵占黄河河道的理由

本案反映了随着沿黄经济社会的快速发展，土地资源日益紧张，侵占河道滩区、与河争地等问题日益突出，黄河河道的监督管理形势严峻，任务更加艰巨、繁重。面对经济社会发展的新形势，针对河道管理中出现的新问题，如何加强河道监管和执法力度是黄河河道主管部门面临的新考验。

×× 旅游开发有限公司在 Z 市 H 区黄河河道管理范围内违法建设阻碍行洪的建筑物案

一、案情简介

2017 年 8 月起，×× 旅游开发有限公司（简称 ×× 旅游公司）在 H 省 Z 市 H 区黄河河道管理范围内开工建设法莉兰童话王国儿童游乐园。该园区占地面积 500 亩，建设摩天轮、旋转木马、冒险岛、童话小木屋、精灵森林、彩虹花海等较大体量砖混建筑物、构筑物 18 处，建筑面积约 32 800 平方米。×× 公司违法建设建筑物、构筑物影响了正常的黄河河道管理秩序，威胁了黄河河道行洪安全，破坏了黄河滩区生态环境。

二、处理过程与结果

2017 年 8 月，H 河务局水政监察人员在河道巡查中发现当事人违法建设行为后，立即进行立案查处。经调查：该项目由当地政府招商引资，用以发展乡村旅游。项目位于 H 区黄河滩区孙庄村，建设单位与当地村集体签订土地租赁协议。协议明确项目经营期间优先选用当地村民务工等内容，这增加了查处工作难度。

2017 年 8 月至 2018 年 12 月期间，针对当事人 ×× 旅游公司第一次违法建设（砖混建筑物 16 处和混凝土构筑物 2 处）、第二次违法建设（砖混建筑物 1 处）、第三次倾倒渣土（34 840 立方米）等违法行为，H 河务局先后三次立案，向当事人 ×× 旅游公司下达了《责令停止水事违法行为通知书》《责令限期改正通知书》《水行政处罚决定书》等执法文书 34 份，三次分别罚款 4.8 万元、5 万元、5 万元。

Z 市河务局、H 河务局分别将违法建设情况报告 Z 市、H 区防汛抗旱指挥机构和河长制办公室（简称河长办），请求 Z 市、H 区政府组织强制清除。H 区政府自然资源、生态环境等部门依据有关法律法规也多次对当事人给予行政处罚，但项目仍继续施工。2018 年汛前，法莉兰童话王国园区内蘑菇城堡、魔法屋、名贵树木绿化园等建成并投入运营。

2018 年年底，水利部黄河水利委员会与 H 省人民检察院启动“携手清四乱，保护母亲河”专项行动。H 省河长办将案件移送检察机关，由省级黄河河长挂牌督办。

按照H省人民检察院的指定，Z铁路运输检察院对案件进行调查，向当地政府及河务、生态环境等部门下达检察建议书，督促相关单位履职尽责，并在项目拆除过程中跟踪核实。Z市、H区两级河长分别签发河长令，责令限期拆除。当地政府组织力量联合执法，对项目进行强制拆除。时任H省委书记、省第一总河长王某生亲自到现场督导检查。

截至2019年5月，违法建设的建筑物、构筑物全部拆除完毕，河道平整复绿。

三、案件焦点

（一）违法事实清楚，法律适用准确

H河务局三次立案调查过程中，认定××旅游公司的违法事实清楚，如第一次立案中认定：

××旅游公司于2017年8月16日在J区黄河右岸建设砖混结构房屋16处，面积约为2 180平方米，两处混凝土构筑物面积约为282平方米。根据《防洪法》第二十二条第二款“禁止在河道、湖泊管理范围内建设妨碍行洪的建筑物、构筑物，倾倒垃圾、渣土，从事影响河势稳定、危害河岸堤防安全和其他妨碍河道行洪的活动”的规定，××旅游公司新建构筑物的行为为法律所禁止，已构成违法。参照《H黄河河务水行政处罚裁量标准》，××旅游公司新建构筑物的危害程度为严重违法行为。

结合××旅游公司的违法事实、违法性质和危害后果，根据《防洪法》第五十五条第一项“违反本法第二十二条第二款、第三款规定，有下列行为之一的，责令停止违法行为，排除阻碍或者采取其他补救措施，可以处五万元以下的罚款：（一）在河道、湖泊管理范围内建设妨碍行洪的建筑物、构筑物的”的规定，H河务局给予××旅游公司水行政处罚决定：责令停止水事违法行为，自行排除阻碍；处48 000元罚款。

（二）执法中需要规范和完善的内容

H河务局作出三次水行政处罚决定后，当事人没有申请行政复议，也没有提起行政诉讼，如期缴纳了罚款。但是，当事人没有按照河务部门的要求自行排除影响河道行洪的阻碍，其违法行为一直呈现持续状态。H河务局没有依法申请人民法院强制执行，该事实成为检察机关检察建议书的重要内容。

勘验图中应补充完善比例尺等元素；只有勘验人签字，没有制图人签字，应予以补充完善。现场照片中，办案人及当事人都应尽可能同框并拍清其面部；如果是在询问室，不仅要拍到两名执法人员的面部，还需要拍摄到记录人员，并且要同框显示。

四、案件点评

本案处理时间长、难度大，引起了央视等媒体关注，是一起深入贯彻落实河长制、维护黄河河道正常秩序、保障黄河防洪安全、保护黄河生态的典型案件。为何违法事

实如此清楚，法律依据如此明了的案件，却迟迟不能得到有效处理呢？

（一）各有关部门逐步形成对查处 ×× 旅游公司违法行为的合力

本案中，H 河务局三次立案查处 ×× 旅游公司违法行为的同时，鉴于一般处罚程序已经不能有效地解决问题，Z 市河务局、H 河务局就 ×× 旅游公司违法行为的问题分别多次向 Z 市政府和 H 区政府报告，其他职能部门也根据本行业的法律法规，先后对 ×× 旅游公司进行行政处罚，逐步引起两级属地政府的重视。H 省河长办联合检察机关介入此案，最终促成各级政府、各有关职能部门对 ×× 旅游公司违法行为查处的合力。

（二）面向全流域的专项整治行动对问题解决起到良好的促进作用

自 2018 年起，水利部连年开展河湖“清四乱”专项行动，2022 年开展河道内妨碍行洪突出问题专项整治行动和防汛保安专项整治行动。面向全流域的专项整治行动对基层河道管理工作产生深远的影响，改变了各级地方政府对河道管理工作的认识，不仅完美解决了长期存在的突出问题，而且充分增强了河长制的作用，使河湖管理的长效机制初步形成。

（三）检察机关公益诉讼是解决该违法行为的“催化剂”

本案中，检察机关向有关职能部门送达检察建议书，明确指出了各有关部门查处此案存在的问题，督促各有关部门真正依法履职尽责。穷尽一切执法手段，用司法职权促进各级各有关部门形成良性互动，对 ×× 旅游公司的违法行为进行联合查处，对违法建筑物、构筑物进行强制拆除。

×× 生态农业有限公司在 K 市黄河滩区违法新建生态园案

一、案情简介

2015 年 6 月，×× 生态农业有限责任公司（简称 ×× 生态农业公司）在河南省 K 市黄河滩区新建农业生态园。截至 2018 年 12 月，共建设砖混结构大棚 16 个，钢结构温室大棚 12 个，办公室、生活用房 1 座，仿宋门楼 2 个，占地 5 000 余亩，建筑面积 16 942 平方米。该生态园是 K 市高效生态农业示范点，是当地政府向上级领导展示的首选高效农业生态园区。

二、处理过程与结果

2015 年 6 月，K 河务局水政监察人员在河道巡查时，发现 ×× 生态农业公司在向黄河滩区运送建筑材料。经现场调查，×× 生态农业公司计划建设仿宋建筑，随即对其进行制止。但施工人员与水政监察人员玩"躲猫猫"游戏，待水政监察人员离开后，又开始违法建设活动。在多次制止违法行为无果后，K 河务局对 ×× 生态农业公司违法建设行为进行立案查处。

由于该项目是地方政府招商引资重点项目，案件的查处受到来自有关方面的重重阻力，×× 生态农业公司对 K 河务局的水行政执法置若罔闻，不断扩大建设规模。

2018 年 12 月，水利部在全国开展河湖"清四乱"专项行动，借此契机，K 河务局顶住压力，安排骨干力量加大查处力度，相继向 ×× 生态农业公司下达了《责令限期改正通知书》《处罚决定书》，但是当事人 ×× 生态农业公司仍拒不执行处罚决定，既没有缴纳罚款，也未按照要求拆除违法建筑物、构筑物。

2019 年 5 月，水利部黄河水利委员会通过河长办将案件移交检察机关。检察机关会同 K 河务局对案件情况进行调查核实后，依法向地方政府和有关部门下达检察建议书，要求履职尽责，限期拆除 ×× 生态农业公司在黄河河道范围内违法建设的生态园。9 月，由地方政府、河长办牵头，组织河务、自然资源、湿地等部门开展联合执法，×× 生态农业公司自行拆除全部违法建筑物、构筑物，并及时将建筑垃圾清理出河道。

2019 年 11 月，K 河务局向 K 市 L 区人民法院递交《行政处罚强制执行申请书》，申请强制执行未缴纳的罚款，人民法院决定立案执行。

三、案件焦点

本案适用法律问题是案件的焦点。×× 生态农业公司的生态园项目在黄河滩区处防洪重点区域，规模范围较大，对河道行洪畅通产生严重影响；且该生态园项目未制订度汛方案，未提前做好任何度汛准备，一旦发生洪水，后果不堪设想。从防洪防汛专业的角度来说，应当予以清除，保障河道行洪畅通。

（一）×× 生态农业公司生态园项目不属于《防洪法》第二十七条规定的建设项目

《防洪法》第二十七条规定了河道管理范围内建设项目的行政许可，明确规定了建设项目的范围，即“建设跨河、穿河、穿堤、临河的桥梁、码头、道路、渡口、管道、缆线、取水、排水等工程设施”，×× 生态农业公司生态园项目明显不属于上述列举的范围，×× 生态农业公司的违法行为不是未经审查同意在黄河河道管理范围内修建建设项目的行为，该案不能适用《防洪法》第五十七条。

（二）×× 生态农业公司生态园项目属于《H 省黄河河道管理办法》第二十四条规定的水事活动

依据《H 省黄河河道管理办法》第二十四条的规定，在黄河河道管理范围内进行的活动，必须报河道主管机关批准，其中第三项“在河道滩地存放物料、修建厂房或者其他建筑设施”，×× 生态农业公司生态园项目可以归于水事活动。×× 生态农业公司未经批准在黄河河道管理范围内修建生态园的行为，依据《H 省黄河河道管理办法》第四十三条对该违法行为规定的处理措施是“由县级以上黄河河道主管机关责令其纠正违法行为、采取补救措施”，并可处罚款。很显然，本条中“责令其纠正违法行为”的规定过于模糊，K 河务局难以依据本条确定责令改正违法行为的具体内容。

（三）K 河务局适用《防洪法》第二十二条对 ×× 生态农业公司修建生态园的违法行为进行行政处罚

《防洪法》第二十二条第二款规定：“禁止在河道、湖泊管理范围内建设妨碍行洪的建筑物、构筑物，倾倒垃圾、渣土，从事影响河势稳定、危害河岸堤防安全和其他妨碍河道行洪的活动。”如果在案件调查取证过程中，可以认定建筑物、构筑物妨碍行洪，则不需要考虑适用《防洪法》第五十七条，在补办手续程序中决定改正措施；也不需要考虑适用《H 省黄河河道管理办法》第四十三条第五项，可以直接根据《防洪法》第五十五条规定，责令停止违法行为，排除阻碍或者采取其他补救措施。本案中，K 河务局经过调查取证，认为 ×× 生态农业公司在河道管理范围内修建的建筑物、构筑物严重妨碍行洪；对本案适用法律问题进行了反复讨论，认为根据《防洪法》第五十五条实施行政处罚，适用法律正确，并且有利于违法问题的迅速解决。

四、案件点评

本案是 K 河务局主动作为，与检察机关协作，督促地方政府和有关部门拆除河道内违法建筑的典型河道案件。

（一）发展滩区经济不能“与河争地”

黄河下游河道是举世闻名的“地上悬河”，两岸堤防之间的河道滩区既是行洪区，又是滞洪和沉沙区。维护黄河河道秩序，清除河道滩区行洪障碍，是确保黄河河道行洪顺畅、保障黄河防洪安全的重要措施。

但是，在政府招商引资等政策激励下，在黄河滩区河道擅自修建妨碍行洪的建筑物、构筑物等违法行为时有发生。加强滩区河道的监督管理，加大执法力度，对妨碍黄河河道行洪的建筑物、构筑物等坚决予以清除，是当前黄河河道主管机关面临的一项新问题，也是法律赋予的重要监督管理职责内容。

本案中，×× 生态农业公司新建的生态园位于黄河滩区，虽然是 K 市高效生态农业示范点，是当地政府向上级领导展示的首选高效农业生态园区，但是地方政府的任何招商引资行为，都应在法律法规允许的规定下进行，不能逃避黄河河道主管部门的监督管理，不能破坏黄河河道的正常秩序，不能妨碍黄河河道的正常行洪，不能影响黄河防汛安全的大局。

（二）合力打击违法行为，是提升水行政执法的有效途径

×× 生态农业公司拒不履行行政处罚决定，在法定时间内既没有申请行政复议也没有向人民法院提起诉讼，K 河务局通过河长办将案件移交给检察机关，借助公益诉讼平台推动案件的处理；×× 生态农业公司虽拆除违法建筑但未缴纳罚款，K 河务局依法向人民法院申请强制执行。

本案中，河道主管机关立案查处、检察机关下达检察建议书、人民法院强制执行，三方协作，圆满完成河道清障任务，维护了水法规的尊严。

（三）坚持不懈地依法查处该违法行为

本案自 2016 年立案查处到 2019 年 11 月结案历时三年，除开展行政处罚工作外，K 河务局多次对 ×× 生态农业公司开展行政指导工作，引导、规劝当事人 ×× 生态农业公司拆除妨碍行洪的建筑物、构筑物；向属地防汛指挥机构、河长办进行报告，促请形成查处本案的合力；由于本案行政处罚程序历时过长，违法现场变动频繁，K 河务局三次开展现场勘验，及时掌握最新的违法现场情况。在面临地方各方面的阻力下，仍然坚持依法查处，做了大量的工作，最终促成属地政府开展联合执法，强制拆除妨碍行洪的建筑物、构筑物。

S省G县交通运输局未经批准在G县W库区违法建设码头案

一、案情简介

黄河干流S省G县码头位于G县W库区管理范围内。2013年，S省G县交通运输局经上级批复同意、G县发展和改革局核准，投资81.64万元，在黄河左岸G县建设旅游码头。码头长约50米，全部伸入黄河河道。项目未办理河道管理范围内建设项目审批手续，对万家寨—龙口库区调度、黄河河道行洪和黄河防汛安全造成较大影响。

二、处理过程与结果

2019年11月，黄河水利委员会W水政监察支队（简称W水政支队）成立后，对万家寨—龙口库区河段进行全面排查。通过向附近村民及G县水利局、交通运输局调查了解，该码头工程属于交通运输局批复建设项目，未经黄河河道主管部门和当地水行政主管部门办理涉河项目审批手续，并且自建成后，一直未能正常投入使用。

2020年6月，根据全国河湖“清四乱”专项行动和水利部黄河水利委员会有关要求，W水政支队将该项目列入黄河万家寨—龙口库区河段“四乱”项目台账。由于G县码头是G县发展黄河旅游业的建设项目，而且已经交通运输局批准，因此在查处过程中阻力重重。

为切实推进G县码头的拆除工作，W水政支队充分调查取证，多次约谈县、乡黄河河长和水行政主管部门负责人，督促地方河长办对G县码头进行拆除。2020年7月，S河务局致函G县人民政府，要求限期对G县码头进行拆除，恢复库区河道原貌。8月，G县河长办组织水利、交通等部门和有关乡镇政府、单位，启动G县码头的拆除工作。截至8月13日，G县码头被全部拆除，建筑垃圾被清运出河道，库区原貌得到恢复。

三、案件焦点

本案中，建设项目虽然得到上级政府部门的批准，但是没有按程序办理黄河河道管理范围内建设项目有关审批，同样也是违法的。

S 河务局认为：G 县交通运输局未经审查同意，在黄河河道管理范围内修建码头，违反了《防洪法》第二十七条第一款的规定，致函 G 县人民政府，要求限期对 G 县码头进行拆除，恢复库区河道原貌。S 河务局按照《防洪法》第二十七条第一款的规定定性该违法行为是正确的，但是也存在一定的问题，一是该码头工程较小，远远达不到建设项目的标准；二是按照《防洪法》第五十七条的规定，应当责令停止违法行为，补办审查同意或者审查批准手续，S 河务局要求 G 县人民政府限期拆除似乎有所不妥。因为本案码头整体突入黄河河道，妨碍了河道行洪，同时也违反了《防洪法》第二十二条第二款的规定，适用《防洪法》第五十五条处理本案更为妥当。

四、案件点评

（一）水库库区省际河段的行政执法一直是难题

W 库区河段处于三省交界，位置特殊。随着库区两岸经济社会的快速发展，库区交通旅游码头、取水口、休闲旅游设施、水产养殖、库岸采石等人为活动日益增多，违法建设、违法弃渣等水事违法行为频发。受执法力量不足、执法协调机制不完善等因素制约，一些水事违法行为没有被及时发现和制止。历史遗留的陈年积案，影响了黄河河道行洪和大坝枢纽工程安全。G 县交通运输局违法建设 G 码头就是较为典型的一例。

（二）创新执法体制机制，强化库区监管

G 县码头的拆除，说明了创新执法体制机制的重要性。2019 年为贯彻水利部“水利工程补短板、水利行业强监管”水利改革发展总基调，加强黄河 W 库区河段的水行政执法工作，黄委组建 W 水政监察支队，加强与沿黄地方水行政主管部门的联系，在“河湖长制”组织体系下，建立健全联合防治、联合执法协作机制，形成执法合力，查处了 G 县码头等一批水事违法陈年积案，切实维护了 W 库区河段水事管理秩序。

（三）深入开展普法宣传是一项长期而艰巨的任务

本案的处理，充分证明了开展水法宣传和普法教育的重要性、艰巨性和长期性。

各级管理机构和水政监察队伍严格执行“谁执法，谁普法”普法责任制要求，紧密结合辖区河道的监督管理实际，开展有针对性的普法宣传活动，切实搞好法治宣传“六进”活动，不断增强沿黄群众及地方政府部门的法治意识，为黄河保护治理营造良好的社会环境。

洛阳S投资开发有限公司擅自建设洛河东湖水面工程案

一、案情简介

2015年5月，在未取得水行政许可的情况下，洛阳S投资开发有限公司（简称S公司）经该市政府同意，开工建设与管理L河河道整治工程，即L河东湖水面工程（简称东湖水面工程）。东湖水面工程是该市为改善沿岸生态环境而批复建造的一项生态工程，项目包括两岸大堤填筑、河道疏浚、绿化景观、气盾拦河坝，工程西起二广高速路桥下游200米太平橡胶坝，东至白马寺镇与偃师交界处，全长7.8千米。

该项目使得L河黄河水利委员会B水文站（简称B水文站）基本断面及基本断面上、下游比降断面和测验浮标断面等完全居于东湖水面工程中，严重改变B水文站测验河段河道原貌和水流特性，致使水文站的功能基本丧失。特别是基本断面以下1.8千米处修建的气盾拦河坝，基础混凝土坝高2米、气盾坝坝高6米，在未蓄水的情况下，因基础混凝土坝的影响，已使B水文站基本断面处壅水约2米，从而使河道水位抬高、流速减小，出现死水区域，导致水文监测工作无法正常进行；若蓄水运行，水文测验工作将遭受毁灭性破坏。

二、处理过程与结果

东湖水面工程开工建设后，黄河水利委员会L水文水资源勘测局（简称L水文局）及黄河水利委员会H水文水资源局（简称H水文局）多次与市政府、市水务局、Y县水务局等单位交涉，但问题一直未得到解决。2015年7月10日，H水文局向项目建设单位S公司下达责令改正通知书。2015年9月7日，市水务局主要负责人代表建设方到L水文局座谈，L水文局再次提出停止施工、办理行政许可的要求。2015年10月22日，L水文局向市政府发出《关于紧急制止影响B水文站水文监测的气盾坝工程施工的函》，提请市政府责成建设单位立即停工，对建设方案进行重新论证，确保B水文站水文设施安全和测报工作正常开展。

2017年5月中旬，黄河防总检查组汛前检查，要求L水文局督促该市尽快解决东湖水面工程影响B水文站测验问题；5月26日L水文局再次向市政府发出《关于督促解决影响B水文站水文监测问题的函》，要求市政府责成建设单位拆除气盾坝，恢复测验河段河道原貌，消除对水文测验设施造成的安全隐患。6月7日，市水务局邀请有关专家对“补救措施”进行技术性咨询。6月9日市政府复函：一是东湖拦河坝塌坝运行，维持东湖不蓄水、气盾坝不运行的状态；二是尽快确定并实施补救措施，市政府督促市示范区管委会和市水务局尽快组织专家对方案进行咨询并形成咨询意见；三是积极配合B水文站的水文监测工作，确保黄河安全度汛。

S公司按照《中华人民共和国水文条例》（简称《水文条例》）第三十三条、《水文监测环境和设施保护办法》第九条、《黄河水文管理办法》第三十九条等水法规规定，编制了东湖水面工程对B水文站监测影响分析评价报告和补救措施方案。

2020年3月30日，市水利局与H水文局签订B水文站监测补偿协议书。市水利局负责协调H水文局5处河道水文断面工程建设所需施工用地、场地、道路及其他地方关系。至此，该案件结案。

三、案件焦点

S公司的行为违反了《水文条例》第三十三条规定：“在国家基本水文测站上下游建设影响水文监测的工程，建设单位应当采取相应措施，在征得对该站有管理权限的水行政主管部门同意后方可建设。因工程建设致使水文测站改建的，所需费用由建设单位承担。”依据《水文条例》第三十七条：“未经批准擅自设立水文测站或者未经同意擅自在国家基本水文测站上下游建设影响水文监测的工程的，责令停止违法行为，限期采取补救措施，补办有关手续；无法采取补救措施、逾期不补办或者补办未被批准的，责令限期拆除违法建筑物；逾期不拆除的，强行拆除，所需费用由违法单位或者个人承担。”本条未规定行政处罚，因此H水文局督促当事人补办手续积极整改，未对本案进行行政处罚是合法的。

四、案件点评

本案是一个具有典型代表意义的案例。随着流域经济社会的快速发展，拦河、跨河、穿河、临河的桥梁、码头和城市景观建设等行为，破坏了水文监测环境，影响了长序列水文要素和监测资料的完整性、可靠性和一致性。

B水文站是国家重要水文站，设立于1955年1月，长期担负收集洛河水文基本资料和向防汛指挥部门提供实时水情的重要任务。在防治水旱灾害、合理开发和有效利用水资源等方面发挥了极其重要的作用。为确保B水文站的正常运行，H水文局对S公司擅自建设东湖水面工程进行依法查处，维护了法律的尊严和水文监测工作的正常开展。

本案不甚复杂，但是处理过程跨越6个年头，久拖不决值得我们反思：一方面反映出《水文条例》的执行力偏弱；另一方面反映出社会大众对水文工作的基础性、公益性认识还很不到位；三是数次对当事人下达《责令停止违法行为通知书》，数次都未实际停工，强制执行手段不足。

本案问题的发生和处理启示我们：一是利用多种平台或媒体向社会大力宣传水文事业和水文工作的重要性。二是加强水行政执法，真正用好法律武器，依法保护水文部门的合法权益。

W 县文广局、发改局违法建设东渡黄河纪念园、拐上古渡案

一、案情简介

东渡黄河纪念园位于黄河右岸 S 省 W 县沿黄公路桩号 260 附近黄河河道内，建设单位为 W 县文广局，投资 4 170 万元，占地面积 104 亩。2017 年 1 月初开始建设，项目可研由 W 县发展和改革局批复，主要建筑为帆船模型及其附属设施、8 处浮雕。

拐上古渡位于 W 县沿黄公路桩号 269+500 附近黄河河道内，投资主体为 W 县发展和改革局，总投资 1 100 万元，占地面积 27 亩。项目包括水上欢乐世界、激情漂流等配套设施。2017 年 6 月初开始建设，至 2018 年 6 月基本建成。项目可研由 W 县发展和改革局批复。

W 县东渡黄河纪念园区和拐上古渡建设项目未履行河道管理范围内建设项目工程建设方案审批手续，擅自开工建设，严重侵占黄河河道，阻碍黄河行洪，影响黄河防洪安全，违反了《中华人民共和国水法》（简称《水法》）、《防洪法》、《中华人民共和国河道管理条例》（简称《河道管理条例》）等法律法规的规定，且在查处过程中，边查边建，性质严重。

二、处理过程与结果

2017 年 9 月，S 河务局督促 S 省 W 县水利局依法查处。其间，S 河务局多次同市、县人民政府和水利部门座谈，提出整改要求。黄委同 S 省水利厅、河长办对该项目的查处工作进行联合督办。建设单位以公益工程、保护历史文化为由，拒绝整改，边查边建，导致违建规模不断扩大。因此，黄委将本案上报水利部挂牌督办。

水利部向 S 省人民政府发函，要求当地政府限期整改。S 省人民政府及时向水利部报告整改方案和完成时限。2018 年 9 月，水利部进行现场督导检查，召开专题会议，重申整改时限和要求。黄委各级水政人员加强监督检查，派驻人员驻守整改现场，实时跟踪整改拆除情况。

2018 年 12 月，东渡黄河纪念园、拐上古渡两个项目完成整改任务，通过黄委组织的整改验收。

三、案件焦点

本案是地方政府组成部门，在未经黄河河道主管部门批准的情况下，在黄河河道管理范围内擅自建设开发本地黄河自然和人文资源旅游设施的典型案件。

开发黄河自然和人文旅游资源须依法进行。W 县文广局、发展和改革局违法建设东渡黄河纪念园、拐上古渡的行为，违反了《防洪法》第二十七条第一款“建设跨河、穿河、穿堤、临河的桥梁、码头、道路、渡口、管道、缆线、取水、排水等工程设施，应当符合防洪标准、岸线规划、航运要求和其他技术要求，不得危害堤防安全、影响河势稳定、妨碍行洪畅通；其工程建设方案未经有关水行政主管部门根据前述防洪要求审查同意的，建设单位不得开工建设”的规定。

黄委及其所属的 S 河务局和地方水行政主管部门根据《防洪法》第五十七条“违反本法第二十七条规定，未经水行政主管部门对其工程建设方案审查同意或者未按照有关水行政主管部门审查批准的位置、界限，在河道、湖泊管理范围内从事工程设施建设活动的，责令停止违法行为，补办审查同意或者审查批准手续；工程设施建设严重影响防洪的，责令限期拆除，逾期不拆除的，强行拆除，所需费用由建设单位承担；影响行洪但尚可采取补救措施的，责令限期采取补救措施，可以处一万元以上十万元以下的罚款”的规定，督促当事人对违法建设项目进行拆除整改。

四、案件点评

（一）依法有序开发黄河自然和文化资源是未来发展的必由之路

黄河流域以其独特的自然地理条件、丰富的矿产及生物资源、深厚的人文社会基础及充满魅力的旅游资源，成为极具特色的经济地理单元。

黄河大北干流沿线城镇大多傍河依山而建，在经济社会发展过程中，囿于地形地势的限制，大多把目光投向有限的黄河河道资源，未经批准非法占用河道资源的建设活动多发。

本案中，黄委及其所属的 S 河务局和地方政府各级水行政主管部门，依法履行黄河河道的监督管理职能，指导沿线地方政府在合法、有序开发利用有限的黄河河道资源，发展当地经济，改善民生的同时，维护河道正常管理秩序，保障黄河河道行洪、防汛安全。

（二）部分涉河建设项目带有属地政府背景

W 县文广局、发展和改革局作为人民政府组成部门，本应成为依法办事、遵纪守法的模范，其建设东渡黄河纪念园、拐上古渡的违法行为，虽经 S 河务局和地方水行政主管部门依法制止多次，但是仍拒绝整改，边查边建，导致违建规模不断扩大，性质严重，影响恶劣。

（三）全流域的专项整治行动解决了长久以来存在的问题

在水利部督办下，经过黄委及其所属的 S 河务局和地方各级水行政主管部门宣讲《水法》《防洪法》等法律法规，解读河湖长制、“清四乱”等政策，促使地方有关部门统一思想，转变观念，变不理解、被动整改到积极主动整改，最终完成东渡黄河纪念园、拐上古渡的整改拆除工作。

刘某强在F县C乡黄河河道管理范围内非法采砂案

一、案情简介

2020年2月1日，F河务局接到电话举报：C乡王卢集村正南黄河河道滩地有装载机及14辆后八轮自卸车在挖砂。接到举报后，F河务局水政监察人员第一时间抵达现场。经调查确认，系F县村民刘某强组织车辆在F县C乡王卢集村正南距黄河大堤约4千米黄河滩地内非法采砂，采砂量达15 041.6立方米。刘某强非法采砂行为扰乱了河道采砂管理秩序，破坏了黄河河道，损害了黄河滩区的生态环境。

二、处理过程与结果

2020年2月1日深夜，在F县C乡派出所干警协助下，F河务局水政监察人员通过查看刘某强的手机，收集现场挖砂视频证据，对王卢集村黄河滩区拉砂的大车司机进行询问，证实刘某强组织车辆在河道内非法采砂的行为。水政监察人员现场下达《责令停止水事违法行为通知书》。

2020年2月2日，F河务局对刘某强在黄河河道内非法采砂案进行立案调查，水政监察人员对刘某强、运砂车司机及事发地村主任、村支书和相关村民进行询问，先后制作询问笔录、核查情况说明20余份，对存有非法采砂影像资料的当事人手机予以登记保存。

F河务局将相关情况报告F县河长办，委托有关部门、单位对砂石性质、开采总量和砂石价值进行认定。经鉴定，刘某强非法采砂总量为15 041.6立方米，认定砂石价值为人民币451 240元。经开封市柳园口省级湿地自然保护区核对，刘某强非法采砂点属于省级湿地自然保护区实验区范围。

因为本案案情重大，2020年5月27日，F河务局经法制机构审核和负责人集体讨论后，将案件移交至F县公安局。至此，该案结案。

三、案件焦点

（一）本案行政处罚主体合法

根据《H省黄河河道管理办法》第四条第一款“H黄河河务局是我省黄河河道主管机关。沿黄河各省辖市、县（市、区）黄河河务局是该行政区域或者管理范围的黄河河道主管机关”的规定，F河务局对刘某强在F县黄河河道内未经批准的非法采砂行为进行查处，主体合法。

（二）本案适用法律法规正确且处理得当

当事人刘某强未经批准在黄河河道管理内非法采砂的行为，违反了《H省黄河河道管理办法》第二十四条第一款“在黄河河道管理范围内进行下列活动，必须报经黄河河道主管机关批准；涉及其他部门的，由黄河河道主管机关会同有关部门批准：（一）采砂、取土”的规定。F河务局据此对刘某强进行查处，调查期间，经第三方测量认定，当事人刘某强违法采砂的砂石价值451 240元，根据《最高人民法院、最高人民检察院关于办理非法采矿、破坏性采矿刑事案件适用法律若干问题的解释》（法释〔2016〕25号）和《H省高级人民法院、H省人民检察院关于确定我省非法采矿罪、破坏性采矿罪数额标准的通知》（X高法〔2017〕340号）规定，该案符合《中华人民共和国刑法》第三百四十三条规定的“违反矿产资源法的规定”，涉嫌构成非法采矿罪，按照《行政处罚法》（2017年修正）第二十二条“违法行为构成犯罪的，行政机关必须将案件移送司法机关，依法追究刑事责任”的规定，F河务局依法将案件移交给F县公安局。

（三）本案通过严谨的调查取证，证据确凿充分

F河务局严格依法进行调查取证，所得证据客观充分，符合法定形式，形成严谨的证据链，案卷各部分齐全，才得以向公安机关顺利完成案件移交。但部分执法文书存在需要改进的地方，不是当场开展现场调查（询问）时，应当向被询问人下发调查（询问）通知书；现场勘验材料中，当事人姓名应当为手签，勘验图中应当明确比例尺。执法案件案卷的归档要按照时间顺序进行排列（询问笔录），做到通过查看案卷，能够完整准确地复原整个案件的各个环节。这些细节之处，值得水政监察人员在执法过程中注意。

四、案件点评

（一）依法移送非法采砂涉嫌刑事犯罪案件起到了较好的震慑作用

本案是一起在黄河河道管理范围内非法采砂的典型案例。

在案件办理中，F河务局切实履行黄河河道管理责任，在打击非法采砂涉嫌犯罪时，及时依法移交公安机关进行查处，将行政执法和刑事司法有机衔接，维护了黄河河道

管理秩序，确保了黄河行洪安全，保护了黄河生态环境，对沿黄不法分子起到了一定的震慑作用。对类似黄河河道非法采砂案件的办理具有较好的借鉴和指导作用。

（二）先行证据保存当事人手机对案件查处起到帮助作用

F河务局在调查取证过程中，认为当事人刘某强的手机存储大量有关其非法采砂的信息可以作为证据，且如不控制其手机，相关证据将面临灭失的风险。F河务局决定先行登记保存当事人刘某强的手机，提取其中的照片、视频等作为本案的证据，对办理本案起到了良好的帮助作用。《行政处罚法》（2017年修正）第三十七条规定："在证据可能灭失或者以后难以取得的情况下，经行政机关负责人批准，可以先行登记保存，并应当在七日内及时作出处理决定，在此期间，当事人或者有关人员不得销毁或者转移证据。"在行政处罚实务中，行政机关应当适时果断行使此项职权，及时收集关键证据，顺利推进行政处罚程序。

（三）对非法采砂的价值鉴定是办理本案的关键

按照《最高人民法院、最高人民检察院关于办理非法采矿、破坏性采矿刑事案件适用法律若干问题的解释》（法释〔2016〕25号）的规定，非法采砂符合法定情形的，以非法采矿罪论处。非法采砂是否涉嫌刑事犯罪，认定的关键在于非法采砂所得矿产品的价值，因此对矿产品价值认定是必经程序。依据《行政机关移送涉嫌犯罪案件的规定》，行政机关向公安机关移送涉嫌犯罪案件的材料中，包括有关检验报告或者鉴定结论，明确由行政机关负责办理检验或者鉴定。非法采砂所得矿产品价值的认定中，需要有资质的测量单位进行第三方测量，确定非法采砂矿产品的方量；对所采砂种类进行鉴定，以确定不同类型砂的价格；再向属地价格认证中心申请对非法采砂所得矿产品价值的认定。根据属地价格认证中心出具的《价格认定结论书》和方量确定的价值是非法采砂所得矿产品的价值，按照司法解释的规定涉及刑事的，公安机关就必须接收行政机关依法移送的非法采砂涉刑案件。

李某在D县黄河河道管理范围内非法采砂案

一、案情简介

2020年5月13日，D河务局水政监察人员在日常巡查时发现：在朝邑围堤2+650以东、华原工程7号坝以西河道管理范围内有一艘采砂船正在莲藕池内抽砂。

D河务局经调查确认，系D县某镇某村村民李某未经批准擅自在黄河河道采砂，采砂量达2 072.7立方米。李某非法采砂行为扰乱了黄河河道正常采砂管理秩序，损害了黄河行洪河道，破坏了黄河滩区的生态环境。

二、处理过程与结果

2020年5月13日，D河务局水政监察人员查看了现场，并对当事人李某进行询问，现场下达了《责令停止水事违法行为通知书》《责令（限期）改正通知书》，责令当事人立即停止违法行为，3日内撤离采砂船只，对现场河砂进行清理。

2020年5月26日、27日，D河务局水政监察人员巡查时再次发现李某继续在此处非法采砂。5月29日，D河务局对其进行立案查处，并与河长办、镇政府及镇派出所开展联合执法，依法查扣现场所有涉案机械、采砂船，并对挖掘机和拉砂车司机等人员进行询问。

在案件查处中，当事人李某拒不配合调查，相关采砂船操作人员、挖掘机老板、运砂车司机拒接电话，导致案件调查进展迟缓。D县公安局环境与食品药品犯罪侦查大队介入后，通过查看个人微信转账记录等方式证明了李某非法采砂及其买卖交易的事实。

2020年6月，D河务局委托专业测量公司对涉案砂堆进行测量，并委托D县价格认定中心进行价格认定。根据测量数量和鉴定单价，确定李某涉嫌非法采砂案涉案金额为人民币111 925.8元。因涉嫌刑事犯罪，D河务局于2020年7月3日将案件移交至公安机关。

在办理移交过程中，发现当事人李某为免除刑事责任试图将采砂量破坏至刑事标准以下，租赁装载机将前期采砂留下的砂堆推到水里，涉嫌破坏证据。D河务局立即向范家镇派出所报案，与派出所同志一同赶赴现场，当即对涉事装载机进行查扣，李某对租赁装载机破坏现场的事实供认不讳。公安机关收集齐相关证据后，将案件移送检察院提起刑事诉讼。

三、案件焦点

（一）D 河务局只能适用《防洪法》第二十二条查处本案

《水法》第三十九条规定了国家实行河道采砂许可制度，授权国务院规定河道采砂许可制度实施办法，对非法采砂未规定行政处罚。《防洪法》未规定关于河道采砂的法律规范。《河道管理条例》规定了河道采砂的行政处罚，但未规定罚款的量罚幅度。S 省没有关于河道采砂的地方性法规和政府规章。D 河务局查处非法采砂案件时，没有可以直接适用的法律法规，只能认定李某的非法采砂行为违反了《防洪法》第二十二条第二款“禁止在河道、湖泊管理范围内建设妨碍行洪的建筑物、构筑物，倾倒垃圾、渣土，从事影响河势稳定、危害河岸堤防安全和其他妨碍河道行洪的活动”。

（二）D 河务局通过有关单位的鉴定发现李某非法采砂的行为涉嫌刑事犯罪

根据《最高人民法院、最高人民检察院关于办理非法采矿、破坏性采矿刑事案件适用法律若干问题的解释》（法释〔2016〕25 号）规定，非法采砂情节严重的，以非法采矿罪论处。D 河务局委托第三方测量确定了非法采砂的方量，通过属地价格认定部门确定非法采砂所得价值为 111 925.8 元，已经涉嫌刑事犯罪，根据《行政处罚法》（2017 年修正）第二十二条“违法行为构成犯罪的，行政机关必须将案件移送司法机关，依法追究刑事责任”的规定，应当依法移送属地公安机关。

四、案件点评

（一）暴利和违法成本过低是非法采砂屡禁不止的原因

近年来，建筑市场空前繁荣，建筑用砂的需求量大，在黄河小北干流全段禁采后，砂源匮乏，砂价飞涨，加之河务部门在执法中桎梏重重、手段有限，在暴利的驱使下非法采砂屡禁不止。

D 河务局与公安机关开展联合执法，在当事人涉嫌刑事犯罪时，及时依法移送公安机关追究刑事责任。案件的查处，严厉打击了非法采砂犯罪行为，有效制止了非法采砂势头的蔓延，维护了黄河河道管理秩序，保护了水生态环境和砂石资源不被盗采，捍卫了法律的尊严。

（二）沿黄部分省份打击非法采砂的法律依据不足

地方性法规和政府规章是执行法律、行政法规的地方性立法，S 省未制定执行《河道管理条例》的地方性法规或政府规章，对非法采砂行为实施罚款的法律依据不足，只能适用其他相关法律法规，打击非法采砂违法行为缺少针对性。

（三）非法采砂涉嫌犯罪“行刑衔接”仍然存在证据标准不能统一的问题

本案中，有资质的第三方测量确定非法采砂的方量，属地价格认定部门出具价格认定结论书，即达到行政机关移送的标准。

实务中，各地做法不统一，有些地区公安机关要求做砂质鉴定、省级自然资源部门出具认证报告，甚至要求证明河砂属矿产资源，才愿意接收涉刑案件，造成实务中行刑衔接不畅，移送案件困难。

河务部门在查处非法采砂案件中，发现涉嫌刑事犯罪，要及早与公安部门沟通，确定移送的要求，如有必要，可以要求公安机关提前介入协助调查取证。

王某磊在 W 县黄河河道管理范围内违法倾倒渣土案

一、案情简介

2020 年 4 月 9 日，W 河务局水政监察人员在夜间巡查中发现，有人在老田庵控导工程 32 坝背河 800 米黄河河道管理范围内倾倒渣土。经调查确认，某县村民王某磊，将城中村改造产生的建筑渣土违法倾倒在黄河河道内，渣土堆长度为 5.1 米，宽 4.2 米，均高 2 米，共计 42.84 立方米。王某磊违法倾倒渣土的行为，影响了黄河河道行洪安全，W 河务局遂决定对其进行立案查处。

二、处理过程与结果

在巡查发现王某磊倾倒渣土时，W 河务局水政监察人员下达了《责令停止水事违法行为通知书》，责令当事人立即停止违法行为，并对现场进行勘验。

2020 年 4 月 10 日，W 河务局进行立案调查。经调查询问，当事人王某磊承认在黄河河道内违法倾倒渣土的行为。4 月 13 日，对当事人王某磊下达《责令（限期）改正通知书》，要求其立即改正违法行为，采取补救措施，限期将渣土清理出河道。4 月 17 日，水政监察人员对当事人王某磊改正情况进行检查，当事人王某磊按照要求进行了整改，渣土已清理完毕。

2020 年 4 月 24 日，W 河务局经法制审核和集体讨论后，对王某磊下达了行政处罚决定书，处以罚款人民币 10 000 元的行政处罚。4 月 27 日，王某磊向指定银行缴纳罚款，未在法定时间内申请行政复议和提起行政诉讼。根据《H 省重大行政处罚备案审查办法》，W 河务局向 W 县司法局报送备，该案结案。

三、案件焦点

（一）W 河务局是 W 县黄河河道主管机关，承担依法查处水事违法行为的职责

根据《H 省黄河河道管理办法》第四条第一款“H 黄河河务局是我省黄河河道主管机关。沿黄河各省辖市、县（市、区）黄河河务局是该行政区域或者管理范围的黄河河道主管机关”，W 河务局为 W 黄河河道的主管机关，负有对 W 县黄河河道管理、

保障防洪安全的监督管理职责。因此，W 河务局对王某磊在 W 县黄河河道内违法倾倒渣土的行为进行查处，主体合法。

（二）W 河务局根据《防洪法》第二十二条查处本案，适用法律正确

当事人王某磊违法倾倒渣土的行为，违反了《防洪法》第二十二条第二款："禁止在河道、湖泊管理范围内建设妨碍行洪的建筑物、构筑物，倾倒垃圾、渣土，从事影响河势稳定、危害河岸堤防安全和其他妨碍河道行洪的活动。"W 河务局依据《防洪法》第五十五条"违反本法第二十二条第二款、第三款规定，有下列行为之一的，责令停止违法行为，排除阻碍或者采取其他补救措施，可以处五万元以下的罚款……（二）在河道、湖泊管理范围内倾倒垃圾、渣土，从事影响河势稳定、危害河岸堤防安全和其他妨碍河道行洪的活动的"的规定，结合《H 省黄河河务水行政处罚裁量标准（2018）》，该案裁量阶次为较重。结合当事人王某磊采取补救措施情况，决定对其从轻行政处罚，罚款人民币 10 000 元。本案定性准确，适用法律正确。

四、案件点评

近年来，随着经济社会的不断发展，黄河两岸城镇村民在改建、装修房屋中产生大量的建筑渣土、垃圾，往往就近倾倒在黄河滩区，从而对黄河河道行洪形成妨碍，对黄河生态造成一定影响。

此类案件在沿黄河道滩区有相当程度的普遍性。W 河务局在调查处理过程中，能够做到在对当事人严格处罚的同时，采取柔性普法，有针对性地向滩区周边群众宣传法律法规，提高广大群众的水法律意识，对沿黄群众起到了警示、教育作用。案件的查处，对在黄河河道违法倾倒渣土的类似案件具有借鉴意义。

孟州市 ×× 种植合作社未经批准在黄河河道管理范围内修建厂房案

一、案情简介

2020 年 4 月 3 日，M 河务局水政监察人员巡查时发现，孟州市 ×× 种植合作社（简称 ×× 合作社）未经批准，在黄河（左岸）移民防护堤桩号 23+650 背河堤脚外 50 米处河道管理范围内修建厂房。经现场调查得知，×× 合作社未经河务部门批准，在黄河（左岸）移民防护堤背河堤脚外 50 米处黄河河道管理范围内修建有一层钢架结构厂房，东西长 24 米，南北宽 20 米，共计 480 平方米。

二、处理过程与结果

2020 年 4 月 3 日，M 河务局水政监察人员发现 ×× 合作社未经批准修建厂房，现场下达《责令停止水事违法行为通知书》，并决定立案查处。经调查，×× 合作社相关责任人承认其违法事实。

2020 年 4 月 5 日，M 河务局水政监察人员联合派出所民警开展现场勘验。经勘验，一层钢架结构厂房一处，东西长 24 米，南北宽 20 米，共计 480 平方米。随即向 ×× 合作社下达《责令（限期）改正通知书》，责令补办相关手续。4 月 15 日，经认定，×× 合作社已停止违法行为，相关手续正在办理中。

因案情重大，经 M 河务局法制部门审核和重大复杂案件集体讨论后，2020 年 4 月 23 日，M 河务局对 ×× 合作社下达处以罚款人民币 30 000 元的行政处罚决定。×× 合作社法定代表人宋某玲于当日主动缴纳了罚款。7 月 31 日，M 河务局的上级单位对该项目下达了准予水行政许可决定书。8 月 3 日，该案结案。

三、案件焦点

本案是对国家重大水利工程涉及移民安置中出现的民生事宜的妥善处置问题。

×× 合作社所在的黄河河道是黄河温孟滩移民安置区。×× 合作社在河道管理范围内修建建筑物的行为未经河道主管机关批准，违反了《H 省黄河河道管理办法》第二十四条“在黄河河道管理范围内进行下列活动，必须报经黄河河道主管机关批准；

涉及其他部门的，由黄河河道主管机关会同有关部门批准……（三）在河道滩地存放物料、修建厂房或者其他建筑设施”的规定。M 河务局依据第四十三条“违反本办法规定，有下列行为之一的，由县级以上黄河河道主管机关责令其纠正违法行为、采取补救措施，并可以按照下列标准处以罚款……（五）未经批准在河道滩地存放物料，修建厂房或者其他建筑设施，开采地下资源，进行考古发掘的，处一万元以上五万元以下罚款”进行处罚。按照《黄委关于黄河温孟滩移民安置区管理有关问题的意见》中第三条，该厂房虽然属于可建的非防洪工程项目，但是属于未批先建。

在“未经批准修建厂房或者其他建筑设施”的违法行为中，河道主管机关可以根据案情，责令当事人补办手续或者拆除所建建筑设施。本案中，M 河务局结合实际情况，责令 ×× 合作社补办相关手续。

四、案件点评

（一）M 河务局查处本案涉及的违法行为处理得当

该案是一起在黄河河道管理范围内未经批准擅自建设厂房的典型案例。

在案件办理中，M 河务局切实履行河道监督管理责任，及时制止违法行为，进行立案查处，维护了河道管理范围内建设项目的正常管理秩序，结合扶贫民生项目实际，责令补办有关手续，针对性地提出补办有关手续的处理意见，既考虑了黄河温孟滩移民安置区移民的实际，又维护了法律的尊严，保证了黄河河道行洪安全。

（二）及早采取措施是处理此类案件的关键

当此类项目计划在滩区落户时，属地政府或者有关部门应当及时通知河道主管机关参与项目的计划、审批等前期工作。河道主管机关应当加强执法巡查，及早发现此类“未批先建”的违法行为，争取把案件处理在萌芽状态，有利于及时改正，减少当事人的损失。

贺某斌在 Q 市 M 河禁采区非法采砂案

一、案情简介

2020 年 5 月 14 日凌晨，Q 河务局水政监察人员巡查时发现，在 Q 市西向镇解住村 M 河河道内（距左岸大堤约 1 100 米，距 M 河主河槽约 20 米）有人非法采砂。经调查确认，系 Q 市某镇某村村民贺某斌，利用装载机在本村 M 河禁采区采砂，现场有 5 吨装载机 1 辆，后八轮运输车 4 辆；有长 6 米、宽 3 米、均高 1.5 米的砂坑 1 处。当事人贺某斌的非法采砂行为危害河势稳定和堤防安全，妨碍河道行洪，影响防洪安全。

二、处理过程与结果

2020 年 5 月 14 日，Q 河务局水政监察人员现场下达《责令停止水事违法行为通知书》《责令（限期）改正通知书》，责令贺某斌停止非法采砂行为，要求于 2020 年 5 月 30 日前平复所采砂坑。经勘验，采砂形成的砂坑容积约 27 立方米。该处砂坑位于某特大桥下游约 2.5 千米，按照《公路安全保护条例》第二十条第一项规定，该河段已被划为禁采区，禁止采砂。Q 河务局当日立案调查处理。

2020 年 5 月 25—26 日，Q 河务局水政监察人员对当事人贺某斌、运砂车司机进行询问，当事人贺某斌承认其采砂行为，但是尚未将所采砂运出河道，无非法所得。

2020 年 5 月 30 日，Q 河务局水政监察人员对当事人改正情况进行认定，形成调查终结报告。根据《H 省黄河防汛条例》第四十七条第二项规定，参照《H 省黄河河务水行政处罚裁量标准（2018）》，经 Q 河务局法制审核和集体讨论，同意向当事人作出处罚人民币 19 000 元的行政处罚决定。2020 年 6 月 17 日，Q 河务局向贺某斌下达行政处罚决定书，当事人贺某斌于当日将罚款缴纳至指定银行，未申请行政复议和提起行政诉讼。至此，该案结案。

三、案件焦点

本案的法律适用是一个难点。

Q 河务局所在的 H 省，在黄河河道内查处非法采砂案件，一般情况下适用《H 省黄河河道管理办法》。但是本案与黄河河道内一般非法采砂案件不同点在于，当事人贺某斌的非法采砂地点位于某特大桥下游约 2.5 千米，依据《公路安全保护条例》的规定，在特大桥下游 3 千米的范围内禁止采砂。黄委《黄河下游河道采砂管理办法》将此范围列入禁采区。《H 省黄河防汛条例》第三十二条第二款规定："禁止在黄河河道管理范围内采淘铁砂，禁止在黄河禁采区、禁采期采砂。"

如何适用法律呢？按照特别法优于一般法的原则，在禁采期、禁采区采砂的，不论其是否属于非法采砂，都应该依据《H 省黄河防汛条例》的规定实施处罚。

四、案件点评

本案是打击非法采砂违法行为的典型案例，在河道管理工作中具有代表性。

黄河河道内同时存在着各类自然保护区、生态红线、饮用水水源地保护区、耕地和基本农田等，其他职能部门依据本行业的法律法规实施管理。本案中，Q 河务局充分考虑到《公路安全保护条例》中规定的禁止采砂范围，正确地适用法律法规，定性准确，处理得当，起到良好的打击非法采砂活动的作用。

黄河河道主管机关及其水政监察人员，应当了解其他行业的法律法规和管理措施，便于与其他职能部门开展协同管理，确保违法行为及时有效解决。

×× 生态旅游开发有限公司及魏某龙在T区鹊山南黄河滩区倾倒垃圾渣土案

一、案情简介

×× 生态旅游开发有限公司（简称 ×× 生态旅游公司）与某专业合作社签订《农村土地租赁合同》，租用面积约 336.87 亩黄河滩区土地，用于开办房车营地；自然人魏某龙负责房车营地的土地平整，并约定将垃圾渣土处理的收益按比例分成。2019 年 4 月，魏某龙组织相关人员和渣土车、推土车等相关大型机械设备向该滩区土地倾倒垃圾渣土。经 T 河务局勘验，渣土体积约为 26 527.5 立方米，该行为破坏了黄河河道生态，妨碍了黄河河道行洪安全。

二、处理过程与结果

针对向河道倾倒垃圾渣土多在深夜，当事人在相关路口设置观察哨、采取游击战术、反侦察意识较强等特点，T 河务局联合黄河派出所通过提前蹲点守候、夜间突击巡查等方式，于 2019 年 4 月 20 日凌晨，现场截获倾倒渣土车及装载机等施工车辆，确认当事人为 ×× 生态旅游公司和魏某龙。

2019 年 4 月 20 日，T 河务局对 ×× 生态旅游公司及魏某龙在黄河滩区内违法倾倒垃圾渣土的行为立案调查。根据当事人的违法事实，T 河务局分别向两名当事人下达《责令（限期）改正通知书》。经两次现场认定，垃圾渣土虽已部分外运，但仍未达到整改要求。

2019 年 5 月 6 日，经法制审核和重大复杂案件集体讨论，拟对当事人 ×× 生态旅游公司作出限 7 日内排除阻碍，将垃圾渣土全部清除干净，恢复河道原貌并处以罚款人民币 40 000 元的行政处罚；对魏某龙作出限 7 日内排除阻碍，将垃圾渣土全部清除干净，恢复河道原貌并处以罚款人民币 10 000 元的行政处罚。当日下午，T 河务局向当事人 ×× 生态旅游公司及魏某龙分别送达《行政处罚事先告知书》《行政处罚听证告知书》，当事人 ×× 生态旅游公司及魏某龙在法定期限内均未提出陈述申辩和听证要求。

2019 年 5 月 22 日，T 河务局向当事人 ×× 生态旅游公司及魏某龙分别送达《行政处罚决定书》。当事人 ×× 生态旅游公司及魏某龙在法定期限内未申请行政复议和提起行政诉讼，又未履行 T 河务局作出的行政处罚决定。11 月 30 日，T 河务局向 ×× 生态旅游公司邮寄送达《行政处罚决定催告通知书》；12 月 2 日，向魏某龙直接送达《行政处罚决定催告通知书》。当事人 ×× 生态旅游公司及魏某龙在收到催告通知书之日起 10 日内均未履行相应义务。

2019 年 12 月 18 日，T 河务局向 T 区人民法院（简称 T 区法院）递交《申请执行书》，要求强制执行两份《行政处罚决定书》中的行政处罚决定。

经 T 区法院组织强制执行听证，2020 年 3 月 2 日，T 区法院向 T 河务局送达 T 区人民法院行政裁定书两份。4 月 3 日，T 河务局携法院裁定书向 T 区法院执行工作局申请对魏某龙依法强制执行相关的行政处罚决定。

2020 年 4 月 7 日，T 河务局水政监察人员到倾倒渣土现场拍照确认，垃圾渣土已被全部清理出河道。4 月 29 日，当事人魏某龙主动向 T 区法院缴纳罚款 10 000 元及执行费 50 元共计 10 050 元，T 区法院执行工作局对魏某龙行政处罚执行一案做结案处理。5 月 15 日，T 河务局申请 T 区法院执行工作局对 ×× 生态旅游公司行政处罚执行一案依法强制执行罚款 40 000 元的行政处罚。8 月 24 日，鉴于被执行人无可执行财产，T 区法院执行工作局对 ×× 生态旅游公司行政处罚执行一案作结案处理，将 ×× 生态旅游公司列入失信被执行人名单，对其法定代表人限制高消费。

三、案件焦点

（一）T 河务局适用《防洪法》有关条款进行行政处罚

本案当事人 ×× 生态旅游公司和魏某龙的行为，违反了《防洪法》第二十二条第二款“禁止在河道、湖泊管理范围内建设妨碍行洪的建筑物、构筑物，倾倒垃圾、渣土，从事影响河势稳定、危害河岸堤防安全和其他妨碍河道行洪的活动”的规定，违法事实清楚。T 河务局根据《防洪法》第五十五条第二款“违反本法第二十二条第二款、第三款规定，有下列行为之一的，责令停止违法行为，排除阻碍或者采取其他补救措施，可以处五万元以下的罚款……（二）在河道、湖泊管理范围内倾倒垃圾、渣土，从事影响河势稳定、危害河岸堤防安全和其他妨碍河道行洪的活动的”的规定，适用法律准确。

（二）对共同违法行为分别予以处罚

《水行政处罚实施办法》（1997 年中华人民共和国水利部令第 8 号）第六条第二款规定：“两个以上当事人共同实施违法行为的，应当根据各自的违法情节，分别给予水行政处罚。”本案中，×× 生态旅游公司与魏某龙约定将处理渣土的收益分成，存在着共同实施违法行为的故意，应当认定为共同违法，T 河务局分别对当事人 ×× 生态旅游公司及魏某龙给予水行政处罚的决定合理合法。

（三）申请法院强制执行行政处罚决定

根据《中华人民共和国行政强制法》（简称《行政强制法》）第五十四条“行政机关申请人民法院强制执行前，应当催告当事人履行义务。催告书送达十日后当事人仍未履行义务的，行政机关可以向所在地有管辖权的人民法院申请强制执行；执行对象是不动产的，向不动产所在地有管辖权的人民法院申请强制执行”的规定，因当事人 ×× 生态旅游公司及魏某龙在法定期限内未申请行政复议和提起行政诉讼，又未履行本机关作出的行政处罚决定，分别向两名当事人送达了《行政处罚决定催告通知书》。当事人 ×× 生态旅游公司及魏某龙在收到催告通知书之日起10日内均未履行相应义务，T 河务局向济南市 T 区法院递交申请执行书要求强制执行。

四、案件点评

本案是一起典型的向黄河河道违法倾倒垃圾渣土的案件。

随着沿黄经济社会的发展，向黄河滩区倾倒建筑垃圾渣土的违法行为时有发生，因倾倒时间多在深夜，且违法当事人具有反侦察意识，违法行为难以被及时发现、制止。

T 河务局水政执法人员会同黄河派出所，经过多次夜间蹲点守候，现场发现违法当事人，在查清当事人违法事实的基础上，分别作出行政处罚，因当事人一直未履行行政处罚决定，遂向济南市 T 区法院申请强制执行。

此次 T 河务局垃圾渣土案的圆满解决，是 T 河务局黄河河道生态保护执法联勤联动工作机制启动以来的成功实践，维护了行政执法的权威性和严肃性，震慑了不法分子，遏制了黄河河道水事违法行为，为水行政执法工作积累了宝贵的经验。

孙某涛、孙某勇在D县大汶河河道堤防安全保护区非法采砂案

一、案情简介

2020年2月6日，D县砂资源综合整治指挥部组织各单位开展联合巡查时，在大汶河河道临河堤防安全保护区内发现新增存砂。经黄河D管理局（简称D管理局）调查确认：D县某村孙某涛、孙某勇利用监管漏洞非法开采砂资源。孙某涛、孙某勇非法采砂行为扰乱了河道管理秩序，危害了堤防安全，造成了不良社会影响。

二、处理过程与结果

受新冠疫情防控影响，调查工作延期开展。在此期间，彭集派出所在存砂点周围布置警戒线将砂堆封存。2020年3月2日，D管理局正式立案调查，3月3日，水政监察人员分别对孙某涛、孙某勇两位当事人进行询问。当事人孙某涛承认其在大汶河河道内非法采砂70立方米，留待自用，未出售牟利；孙某勇承认其应孙某涛要求，协助其装车的事实，未参与采砂，也未牟利。经测量，采砂坑位于大汶河河道滩地，距堤防护堤地30～48米，属于堤防安全保护区内，现场开采量为70立方米。

2020年3月6日，D管理局水政监察人员向孙某涛下达《责令限期改正通知书》，责令其采取补救措施，将违法采砂破坏的堤坡、滩地予以修复，消除对堤防安全的影响。3月10日，对当事人孙某涛改正情况进行认定：堤坡已经修复，基本消除了对堤防的影响。经审核，决定对孙某涛处以罚款人民币1 000元的行政处罚，对孙某勇不予行政处罚，并向两名当事人分别下达了行政处罚决定。

2020年3月18日，当事人孙某涛缴纳了罚款，未在法定时间内申请行政复议和向人民法院提起行政诉讼，该案结案。

三、案件焦点

（一）查处孙某涛、孙某勇违法行为的适用法律问题

孙某涛、孙某勇在堤防临河安全保护区内实施采砂的行为，既违反了《S省黄河河道管理条例》第二十条第一款“在黄河河道管理范围内进行下列活动，必须经黄河

河道主管机关批准；涉及其他部门的，由黄河河道主管机关会同有关部门批准：（一）采砂、取土、淘金、弃置砂石或者淤泥”的规定，也违反了《S省黄河工程管理办法》第二十六条“在堤防安全保护区内，禁止取土、采砂、爆破、打井、钻探、挖沟、挖塘、建窑、建房、修筑水库、葬坟、开山采矿、堆放垃圾或者进行其他危害堤防安全的活动”的规定。

堤防安全保护区是为了保护堤防而设置的，《S省黄河工程管理办法》明确规定了禁止在堤防安全保护区内采砂的禁止性条款，在堤防临河的安全保护区范围内，该处土地首先起到的是对堤防的安全保护作用，其次才是河道管理范围，查处该案应当首先考虑的是保护堤防的完整性，因此D管理局应当按照违反了《S省黄河工程管理办法》第二十六条的规定查处此案，并依据《S省黄河工程管理办法》的相关规定予以处罚。

（二）孙某涛、孙某勇是否共同实施违法行为

本案中，D管理局经过调查认定，孙某涛采砂自用，孙某勇协助其装车，两个当事人是否构成共同违法呢？据调查，孙某勇是出于朋友情谊，为孙某涛非法采砂提供帮助，是存在实施非法采砂行为的共意的，二人应当属于共同违法。孙某涛是非法采砂行为的发起者，起到了主要作用；孙某勇为了帮助其实施违法行为，起到了辅助作用，故D管理局依法对孙某涛处以罚款，对孙某勇不予行政处罚是合法合理的。

（三）孙某涛、孙某勇实施非法采砂同时破坏了堤防的行为应在办案过程中予以处理

本案中，孙某涛和孙某勇在非法采砂过程中破坏了堤防的堤坡。出于效率优先的考虑，不宜再对当事人破坏堤防的行为予以立案查处，而应在非法采砂案件中对该情形予以考虑，责令修复堤防堤坡，或者要求依法予以赔偿，并对按照破坏的情况，适当提升非法采砂行为的罚款数额。

四、案件点评

近年来，随着《最高人民法院、最高人民检察院关于办理非法采矿、破坏性采矿刑事案件适用法律若干问题的解释》（法释〔2016〕25号）的出台和打击非法采砂专项行动的深入开展，大规模的非法采砂现象基本消失，但是“蚂蚁搬家”式小规模盗采砂石的违法行为依然屡禁不止。

本案中，D管理局水政监察人员将执法与普法工作深度融合，把普法教育贯穿于事前、事中、事后全过程，促使当事人认识到自己的错误，主动对违法现场进行修复，对沿黄群众起到警示教育作用。

D县××煤炭有限公司在黄河河道管理范围内违法修建妨碍行洪建筑物案

一、案情简介

2019 年 4 月 6 日，D 河务局水政监察人员在巡查过程中发现富民浮桥左岸北 1 600 米处黄河河道管理范围内存在一处厂房。经立案调查确认，违法当事人为 D 县 ×× 煤炭有限公司（简称 ×× 煤炭公司），违法新建的厂房长 80.5 米、宽 20 米，占地面积 1 610 平方米。×× 煤炭公司在河道管理范围内违法修建厂房的行为，危害防洪工程的安全，妨碍了河道行洪，影响了黄河防汛安全。

二、处理过程与结果

2019 年 4 月 6 日，D 河务局水政监察人员赶赴现场进行现场勘验和调查询问，向 ×× 煤炭公司下达《责令停止水事违法行为通知书》《责令（限期）改正通知书》，要求 ×× 煤炭公司于 4 月 10 日前将该建筑物清除完毕，恢复河道原貌。

×× 煤炭公司认为：该厂房建设已经市场监督管理、生态环境、自然资源等相关部门审批，不接受责令整改要求。2019 年 4 月 11 日，经 D 河务局水政监察人员现场认定，未在规定期限内完成整改。经法制审核后，拟给予 ×× 煤炭公司警告和罚款人民币 10 000 元的行政处罚，向 ×× 煤炭公司下达《行政处罚事先告知书》。×× 煤炭公司未在规定的 3 日内提出陈述、申辩意见。4 月 17 日，D 河务局向 ×× 煤炭公司下达《行政处罚决定书》。

经 D 河务局水政监察人员多次督促，2019 年 5 月 10 日，×× 煤炭公司将所建违章建筑物、构筑物清除完毕，到银行缴纳了罚款。此案结案。

三、案件焦点

（一）×× 煤炭公司在河道内修建厂房行为的违法性质

根据《S 省黄河河道管理条例》第二十条“在黄河河道管理范围内进行下列活动，必须经黄河河道主管机关批准；涉及其他部门的，由黄河河道主管机关会同有关部门批准……（三）在河道滩地存放物料、修建厂房或者其他建筑设施”的规定，×× 煤炭公司在河道内厂房的建设并未经过河道主管机关审批同意，属于擅自修建厂房的违法行为。经过调查取证，D 河务局认为 ×× 煤炭公司未经河道主管机关同意在河道内修建的厂房妨碍了河道行洪，违反了《防洪法》第二十二条第二款“禁止在河道、湖泊管理范围内建设妨碍行洪的建筑物、构筑物，倾倒垃圾、渣土，从事影响河势稳定、危害河岸堤防安全和其他妨碍河道行洪的活动”。依据《防洪法》第五十五条第一款“违反本法第二十二条第二款、第三款规定，有下列行为之一的，责令停止违法行为，排除阻碍或者采取其他补救措施，可以处五万元以下的罚款：（一）在河道、湖泊管理范围内建设妨碍行洪的建筑物、构筑物的”的规定，对 ×× 煤炭公司处以警告和罚款人民币 10 000 元的行政处罚。

（二）D 河务局应严格适用《防洪法》第五十五条实施处罚

D 河务局根据《防洪法》第五十五条，对 ×× 煤炭公司处以警告和罚款，但是该条未规定警告的行政处罚，这就造成了 D 河务局作出的警告处罚缺少法律依据。在 D 河务局作出行政处罚决定时，×× 煤炭公司仍然未按照责令改正违法行为的要求，彻底清除其修建的厂房，D 河务局应当在行政处罚决定书中再次要求限期彻底拆除 ×× 煤炭公司修建的厂房，以此作为对 ×× 煤炭公司未彻底改正违法行为的应对措施。

（三）在河道管理范围内地方政府非黄河河道主管部门的行政许可仍不能证明该项目的合法

×× 煤炭公司所建厂房虽经市场监督管理、生态环境、自然资源等相关部门审批，但在黄河河道管理范围内，未经黄河河道主管机关审批，该项目即不合法，D 河务局查处该违法行为具有正当性，当事人不能以此为由拒绝改正违法行为。案件办理中，D 河务局能够坚守防洪底线，依法查处，维护河道正常秩序，保障了行洪安全。

四、案件点评

本案是典型的在黄河河道管理范围内擅自建设阻碍行洪的建筑物案。

通过本案的查处，充分说明了开展河道巡查的重要性。黄河河道内违法建设的建筑物、构筑物已建成并投入运营，形成影响防洪的既成事实，不仅造成不必要的经济损失，也增加了查处工作的难度，同时存在因失职渎职被追究责任的风险。因此，水政监察人员要加强河道巡查，抓早抓小，确保及时发现、及时制止各类水事违法行为，避免类似事件发生。

本案案卷立案和调查阶段的文书较为规范，但仍存在部分问题。立案审批表中，各审批环节（部门）要根据自己的岗位职责有明确的（审批、审核）意见，不能只写“同意”；承办机构意见中，应当明确案件的主办人和协办人；调查询问时，应当向被询问者宣读水行政处罚案件权利义务告知书并要求其手写签名，笔录中应当包含被询问人的身份证号等信息，每一页应当标注“第几页、共几页”、办案人员签名、执法证号；

勘验材料中，应当有案件承办人员的执法证号和签名，该案现场勘验图上缺少绘图人签字，勘验图中应当明确坐标方位等参数；在作出行政处罚决定时，应当结合行政处罚裁量标准作出适度裁量。

通过本案，深刻体会到进一步深化流域管理与区域管理相结合的重要性，以期不断推进流域管理与区域管理之间联合执法和信息共享机制建设，推进联审联批协作机制等的建立和健全。

马某山在Z黄河河道管理范围内违法修建大棚案

一、案情简介

2019年7月1日，Z河务局水政监察人员在日常巡查时发现，高官寨街道办事处姜家村黄河滩地内存在违法修建的大棚。Z河务局经立案调查确认，济南市Z区高官寨街道办事处姜家村村民马某山，在滩地内建有大棚2架，占地4 703平方米。马某山违法修建的大棚，妨碍了黄河河道行洪，影响了黄河防汛安全。

二、处理过程与结果

Z河务局经现场勘验后，2019年7月4日向当事人马某山下达了《责令停止水事违法行为通知书》《责令（限期）改正通知书》，要求马某山停止违法行为，3日内拆除大棚，恢复河道原貌。当事人马某山对其违法种植大棚的行为无异议，但在限期拆除期间未履行拆除义务。

2019年7月8日，Z河务局向Z区人民政府防汛抗旱指挥部（简称Z区防指）申请强行拆除马某山违法修建的大棚。7月14日，Z区防指发文，要求Z区高官寨街道办事处组织力量，对影响黄河行洪的障碍物予以清除，以确保行洪安全和人民群众的生命安全。7月19日，Z区高官寨街道办事处强行拆除马某山在河道内违法建设的大棚，恢复了河道原貌。

当事人马某山对高官寨街道办事处拆除其大棚的行为不服，以该土地为国家确权的30年不动的合法承包土地，建造大棚设施是合法种植为由，于2019年8月6日向Z区人民法院提起行政诉讼，要求确认高官寨街道办事处和Z河务局于2019年7月19日强制拆除大棚的行为违法。2019年12月24日，Z区人民法院作出行政判决，驳回马某山的诉讼请求。当事人马某山不服判决，上诉至中级人民法院。2020年6月15日，中级人民法院作出行政判决，驳回上诉，维持原判。

当事人马某山仍不服判决，分别于2021年1月22日向Z区人民法院提起民事诉讼，要求Z区人民政府、高官寨街道办事处和Z河务局赔偿大棚及农作物损失10 000元，被裁定驳回后，于2021年4月8日上诉至中级人民法院，也被驳回。至此，该案结案。

三、案件焦点

（一）当事人马某山在黄河河道内修建大棚的行为违反了《防洪法》的有关规定

马某山在黄河河道内修建大棚的行为，违反了《防洪法》第二十二条第二款“禁止在河道、湖泊管理范围内建设妨碍行洪的建筑物、构筑物，倾倒垃圾、渣土，从事影响河势稳定、危害河岸堤防安全和其他妨碍河道行洪的活动”的规定，马某山修建的大棚距黄河主河槽仅约400米，一旦发生洪水将对河道行洪畅通造成影响，Z河务局以该条款查处马某山的违法行为是正确的。

（二）根据《防洪法》第四十二条的规定移交本案

《防洪法》第四十二条第一款规定：“对河道、湖泊范围内阻碍行洪的障碍物，按照谁设障、谁清除的原则，由防汛指挥机构责令限期清除；逾期不清除的，由防汛指挥机构组织强行清除，所需费用由设障者承担。”Z河务局认为马某山所建大棚属于行洪障碍物，且案发时正值汛期，存在妨碍行洪的紧迫性，如果按照正常行政处罚程序，当事人若不自行拆除，需要申请人民法院强制执行，案件过程耗时过长，对保障防洪安全不利，故Z河务局向Z区防指申请依法拆除违建大棚，恢复黄河河道原貌。

（三）该案行政强制程序符合《行政强制法》的规定

Z河务局立案查处马某山的违法行为，经调查取证，责令马某山限期拆除其违法修建的大棚，由于马某山在规定的期限内未自行拆除大棚，Z河务局按照程序作出决定，依法将此案以移交的形式申请Z区防指强行拆除，Z区防指责令高官寨街道办事处及时采取紧急措施，组织力量拆除大棚，符合《行政处罚法》《行政强制法》《防洪法》的有关规定。

四、案件点评

马某山针对Z区防指作出的行政强制决定提起了行政诉讼，要求确认强制拆除大棚的行政行为违法，该行政诉讼案在一审、二审阶段均驳回马某山的诉讼请求，人民法院的一些观点为河道主管机关执法办案提供了思路。

（一）运用好《防洪法》第四十五条

《防洪法》第四十五条规定：“在紧急防汛期，防汛指挥机构根据防汛抗洪的需要，有权在其管辖范围内调用物资、设备、交通运输工具和人力，决定采取取土占地、砍伐林木、清除阻水障碍物和其他必要的紧急措施；必要时，公安、交通等有关部门按照防汛指挥机构的决定，依法实施陆地和水面交通管制。”法院认为，在案发时，黄河出现2次编号洪水，黄河防总启动Ⅳ级应急响应，Z区防指下发文件，载明黄河已经进入伏秋汛期，Z区防指有权在此期间作出《防洪法》第四十五条规定的行为。法院认为，防汛的紧急状态是有关部门作出强制性决定的前提。

（二）防汛指挥机构和河道主管机关对防汛形势和紧急措施具有自由裁量权

《行政强制法》第三条第二款规定："发生或者即将发生自然灾害、事故灾难、公共卫生事件或者社会安全事件等突发事件，行政机关采取应急措施或者临时措施，依照有关法律、行政法规的规定执行。"法院认为，在紧急防汛期，各级人民政府应当依法履行防汛抢险的法定职责。防汛形势是否严峻，是否需要拆除房屋加固堤防、排除险情，行政机关应当拥有自由裁量权，不应当以危害后果的实际发生来认定。防汛指挥机构和河道主管机关在防洪防汛领域具有权威性，根据自身专业技术力量，认定的违法行为对河道行洪的影响和作出的决定也具有权威性；在紧急状态下具有自由裁量权，不论危害后果是否实际发生，只要存在可能性，就应当根据实际情况作出应急措施的决定。

（三）河道主管机关认定违法行为妨碍行洪的思路

按照本案案情和行政诉讼程序中法院的观点，河道主管机关认定违法行为是否妨碍行洪，应充分考虑伏秋汛期、河道水情、防汛指令，结合违法行为发生地的河势情况、工程情况、案件案情、违法行为的性质、造成的结果，从维护河势稳定、保障河岸堤防安全的角度，进行综合考量。

河道主管机关对妨碍行洪事实的认定具有专业权威性，人民法院对这一认定应当予以采信。

T 公司未经许可在 H 市某河入黄口建设涵洞案

一、案情简介

2017 年 5 月，T 公司在 H 市某河入黄口擅自建设涵洞。该涵洞东西长 40 米，南北宽 12 米，高 4.5 米。经 H 河务局水政监察人员现场制止，宣讲法律法规，建设单位和施工单位同意停止违规施工，补办审查同意手续。但在 7 月和 8 月的两次巡查过程中发现，违法施工行为仍在继续，存在河道安全行洪隐患。

二、处理过程与结果

2017 年 8 月 24 日，H 河务局决定对 T 公司未经许可在 H 市某河入黄口擅自建设过水涵洞的行为立案查处。经勘验，T 公司组织约 20 名工人修建某河入黄口涵洞，涵洞东西长 40 米，南北宽 12 米，工程底座已经商混硬化，涵洞立面和上面钢构搭建基本完成。

2017 年 8 月 25 日，H 河务局向 H 市交通运输局下达《责令停止违法行为通知书》《责令改正违法行为通知书》，要求当事人 T 公司停止违法行为，补办项目审查同意手续。

2017 年 8 月 28 日，H 河务局分别向 H 市河长办公室和 H 市防汛抗旱指挥部（简称 H 市防指）上报了《关于请求查处 H 市交通运输局在黄河桥南工程上首违规建设的请示》。在 H 市防指、河长办的共同督促下，项目全面停止施工。

2018 年 1 月 28 日，水利部黄河水利委员会对 H 市交通运输局报送的防洪评价报告进行审查；编制单位根据审查意见进行修改完善，3 月 23 日通过复审。3 月 29 日，黄委向 H 市交通运输局下发《洪水影响评价类审批准予行政许可决定书》，同意工程建设。

H 河务局认为：涉案项目已按要求补办审查同意手续，采取相应的补救措施，消除了防洪隐患，予以结案。

三、案件焦点

本案是H公司未经批准擅自在河道管理范围内建设涵洞的案件。

H公司的该行为违反了《防洪法》第二十七条“建设跨河、穿河、穿堤、临河的桥梁、码头、道路、渡口、管道、缆线、取水、排水等工程设施，应当符合防洪标准、岸线规划、航运要求和其他技术要求，不得危害堤防安全、影响河势稳定、妨碍行洪畅通；其工程建设方案未经有关水行政主管部门根据前述防洪要求审查同意的，建设单位不得开工建设”的规定。根据《防洪法》第五十七条“违反本法第二十七条规定，未经水行政主管部门对其工程建设方案审查同意或者未按照有关水行政主管部门审查批准的位置、界限，在河道、湖泊管理范围内从事工程设施建设活动的，责令停止违法行为，补办审查同意或者审查批准手续”的规定，H河务局责令全面停止违法施工，办理建设项目相关审批手续，符合法律规定。

四、案件点评

本案是一起未办理水行政许可手续，擅自在河道内建设河道建设项目的案件。

在案件办理中，H河务局既履行依法治河管河的职责，又充分考虑地方经济发展的需要，从巡查发现到查处，水政监察人员贯彻落实“谁执法，谁普法”的普法责任制，采用普法与执法相结合的方式，为建设单位和施工企业详细解读水法规，分析违法行为的危害性，引导当事人依法办理手续，普执并举，增强社会大众的遵法守法意识，督促建设单位依法办理手续，采取补救措施，避免直接拆除造成不必要的损失。

Z 水务公司在 ×× 黄河滩区未按照批准的位置和界限进行施工案

一、案情简介

2019 年 3 月 15 日，×× 河务局水政监察人员巡查时发现，Z 水务建筑工程股份有限公司（简称 Z 水务公司）在某引黄工程施工中，沉沙池弃土未按照项目审查同意书及《防洪评价报告》中所标识的弃土场位置堆放。经勘验，弃土体积共计 592 494.75 立方米，堆放位置错位且堆放量大，妨碍了河道行洪，影响了黄河防汛安全。

二、处理过程与结果

2019 年 3 月 15 日，×× 河务局水政监察人员发现 Z 水务公司在施工过程中占用未经项目审查同意书批准的位置弃土，随即对其下达《责令停止水事违法行为通知书》，要求立即停止违法行为。3 月 26 日至 5 月 14 日，×× 河务局水政监察人员现场勘验发现违法弃土量持续增加。

2019 年 5 月 31 日，×× 河务局下达了《责令限期（改正）通知书》，要求 Z 水务公司于 6 月 15 日前将弃土清理至项目审查同意书及《防洪评价报告》中所标识的弃土场位置。

2019 年 6 月 18 日，×× 河务局水政监察人员对弃土现场进行责改认定。勘验发现，Z 水务公司未按照《责令限期（改正）通知书》要求清理弃土，并在 5 月 14 日勘验的基础上新增弃土堆 3 处，现场 6 处弃土堆，体积 505 851.65 立方米。

2019 年 6 月 25 日，×× 河务局水政监察人员调查了解到：该项目沉沙池工程已基本完工，土方已不再外运。经再次勘验，弃土堆共有 7 处，体积共计 592 494.75 立方米。经重大复杂案件集体讨论等程序，7 月 22 日，×× 河务局下达行政处罚决定书，对 Z 水务公司处以罚款人民币 90 000 元的行政处罚。

Z 水务公司在法定期限内未对该行政处罚决定申请行政复议和向人民法院提起行政诉讼，也未在指定期限内缴纳罚款。经 ×× 河务局依法催告，Z 水务公司仍不履行行政处罚决定。2020 年 3 月 3 日，×× 河务局向 ×× 市人民法院申请强制执行。×× 市人民法院于 2020 年 3 月 31 日作出行政裁定，裁定对 ×× 河务局作出的“责令‘将弃土清理至项目审查同意书及《防洪评价报告》中所标识的弃土场位置’的决定和行政处罚决定所涉罚款人民币 90 000 元和加处罚款 90 000 元”准予强制执行。Z 水务公司将弃土基本清理，缴纳了罚款及加处罚款，该案结案。

三、案件焦点

（一）Z 水务公司违法事实清楚

Z 水务公司未按照审查同意的位置和界限堆放弃土的行为，违反了《防洪法》第二十七条第二款“前款工程设施需要占用河道、湖泊管理范围内土地，跨越河道、湖泊空间或者穿越河床的，建设单位应当经有关水行政主管部门对该工程设施建设的位置和界限审查批准后，方可依法办理开工手续；安排施工时，应当按照水行政主管部门审查批准的位置和界限进行”的规定，×× 河务局依据《防洪法》第五十七条“违反本法第二十七条规定，未经水行政主管部门对其工程建设方案审查同意或者未按照有关水行政主管部门审查批准的位置、界限，在河道、湖泊管理范围内从事工程设施建设活动的，责令停止违法行为，补办审查同意或者审查批准手续；工程设施建设严重影响防洪的，责令限期拆除，逾期不拆除的，强行拆除，所需费用由建设单位承担；影响行洪但尚可采取补救措施的，责令限期采取补救措施，可以处一万元以上十万元以下的罚款”的规定，结合《H 省黄河河务水行政处罚裁量标准》的规定，判定本案属于影响行洪但尚可采取补救措施，未按期完成补救措施且进入汛期的，裁量阶次为严重，最终 ×× 河务局决定对 Z 水务公司处以罚款人民币 90 000 元的行政处罚。该案事实清楚，定性准确，程序合法，适用法规正确。

（二）依法申请人民法院强制执行

Z 水务公司在法定期限内，既不申请行政复议，也不提起行政诉讼，又不履行本行政处罚决定。经 ×× 河务局依法催告，仍不执行处罚决定。根据《行政处罚法》（2017 年修正）第五十一条“当事人逾期不履行行政处罚决定的，作出行政处罚决定的行政机关可以采取下列措施：（一）到期不缴纳罚款的，每日按罚款数额的百分之三加处罚款……（三）申请人民法院强制执行”的规定，×× 河务局向 ×× 市人民法院申请强制执行。最终将当事人 Z 水务公司违法堆放的弃土堆放至规定位置，执行行政处罚罚款和加处罚款共计 180 000 元。

四、案件点评

本案的查处和申请强制执行在黄河系统执法工作中具有典型示范作用。2020 年 8 月 12 日，此案入选 H 省高级人民法院发布的涉黄河流域生态环境保护的八大典型案例之一。在该案的办理中，×× 河务局依法正确行使管理职权，在下达《水行政处罚决定书》后当事人拒不执行的情况下，申请法院强制执行，法院裁定准予强制执行。

整治乱占黄河滩区进行施工等违法行为，维护法律尊严，确保黄河河道行洪安全，寻求司法部门的支持和协助，是河务部门解决执行难问题的一个有效途径。

××河务局下发的相关法律文书中，违法行为存在同时适用《河南省黄河河道管理办法》第二十四条第三款“（三）在河道滩地存放物料、修建厂房或者其他建筑设施”和《防洪法》第二十七条第二款“前款工程设施需要占用河道、湖泊管理范围内土地，跨越河道、湖泊空间或者穿越河床的，建设单位应当经有关水行政主管部门对该工程设施建设的位置和界限审查批准后，方可依法办理开工手续；安排施工时，应当按照水行政主管部门审查批准的位置和界限进行”的情况。在对应的法律责任适用上，存在罚款处罚限额不一致的情况，依据《河南省黄河河道管理办法》可以处一万元以上五万元以下罚款，依据《防洪法》可以处一万元以上十万元以下的罚款。执法人员在法律适用方面应前后一致。执法实践中，执法人员经常会以过往的执法经验来定性当事人的违法行为，但是每一起案件都或多或少有些区别，简单沿用或者是套用可能就会使案件办理不准确，产生一定的漏洞。若是因此引发行政复议导致行政处罚被撤销或者是行政诉讼的败诉将会对执法部门的权威和形象产生一定的影响。

济南××新型建材有限公司在C黄河滩区内违法建设妨碍行洪建筑物案

一、案情简介

2019年1月17日，C河务局水政监察人员巡查时发现，在某控导工程1号坝东350米滩地内有人修建厂房。经调查确认，当事人为济南××新型建材有限公司（简称××建材公司）。经勘验，建筑物长100米、宽45米、高8米，为钢结构活体板房。C河务局遂对其立案查处。C河务局辖区是黄河下游防洪的重要蓄滞洪区，滩区内居住人口多、安全避洪设施不足，确保群众生命安全难度很大。本案中，××建材公司违法修建厂房的行为妨碍河道行洪，危害防洪工程安全，严重影响黄河防汛安全。

二、处理过程与结果

2019年1月17日，C河务局水政监察人员勘验现场后，下达了《责令停止水事违法行为通知书》。5月21日，C河务局依法向××建材公司下达《责令限期改正通知书》，责令其在15日内自行拆除厂房。6月5日，执法人员到现场查验，发现××建材公司未进行任何整改，违法建筑物依然存在。

2019年6月17日，C河务局向××建材公司下达了《行政处罚事先告知书》《行政处罚听证会告知书》。6月24日，C河务局向××建材公司下达了《行政处罚决定书》，对当事人处以罚款人民币50 000元，并要求限期自行拆除其厂房的行政处罚。

2019年7月1—9日，水利部对黄河干流沿线新增“四乱”问题进行暗访，认定该项目建设未经过黄河河道主管部门审批，××建材公司的厂房为“四乱”问题中的“乱建”问题。11月10日，山东省河长办下发文件，要求于2019年12月10日前全部整改到位。在河长办的督促下，该违建厂房拆除，本案结案。

三、案件焦点

××建材公司违法修建厂房的行为，违反了《防洪法》第二十二条第二款“禁止在河道、湖泊管理范围内建设妨碍行洪的建筑物、构筑物，倾倒垃圾、渣土，从事影响河势稳定、危害河岸堤防安全和其他妨碍河道行洪的活动”的规定，C河务局依据《防洪法》第五十五条“违反本法第二十二条第二款、第三款规定，有下列行为之一的，责令停止违法行为，排除阻碍或者采取其他补救措施，可以处五万元以下的罚款：（一）在河道、湖泊管理范围内建设妨碍行洪的建筑物、构筑物的”的规定，对当事人处以罚款人民币 50 000 元，并要求限期自行拆除其厂房的行政处罚。该案定性准确，法律适用正确，但是罚款的行政处罚结果似有不妥。

四、案件点评

（一）在河长制框架下借助“清四乱”专项行动解决“乱建”违法行为

本案是一起被水利部暗访认定为“乱建”的典型案例。案件办理中，C 河务局依托河长制平台，借力“清四乱”和“清河行动”等专项行动，最终将厂房清除，维护了良好的水事秩序，保证了防洪安全，有效震慑了黄河河道内的“四乱”不法行为。

（二）给予顶格的罚款的行政处罚似有不妥

C 河务局在下达行政处罚决定前，应当以案情为事实依据，结合行政处罚裁量标准，按照法定程序讨论罚款的数额，经法制审核机构出具审核后作出行政处罚决定，而不是对每一起自认为严重或者上级督办的案件都必须顶格处以罚款。在对违法事实认定的法律适用和行政处罚法律责任的适用时应当保持前后一致。

（三）以重大复杂集体讨论的形式撤销罚款于法无据

本案在 ×× 建材公司拆除厂房后，C 河务局撤销了对其 50 000 元罚款的处罚似有不妥。

《水行政处罚实施办法》（1997 年中华人民共和国水利部令第 8 号）第五条规定：“违法行为轻微并及时纠正，没有造成危害后果的，不予水行政处罚。”本案调查终结报告注明，×× 建材公司在黄河河道管理范围内违法修建妨碍行洪的建筑物为严重违法行为，依法应当予以行政处罚。《行政处罚法》《水行政处罚实施办法》均未规定撤销行政处罚的情形，C 河务局因违建厂房已经拆除而撤销行政处罚中的罚款于法无据。

蔡某成毁损 D 县黄河险工坝基工程案

一、案情简介

2020 年 2 月 11 日，D 黄河河务局在日常巡查中发现，有人在用铁锹挖掘黄河某险工 38 号岸的坝基背坡坡脚。经调查确认，当事人为 D 县村民蔡某成，因当时正值新冠疫情时期，执法人员现场仅口头责令当事人停止违法行为。

2020 年 5 月初，蔡某成再次实施违法行为，并在险工坝头坡脚种植了花生。经勘验，蔡某成违法挖掘堤脚长 18.6 米、宽 2.9 米、深 2.4 米，土方量 64.73 立方米，破坏了防洪工程，危害了堤防安全。5 月 11 日，D 黄河河务局对此进行立案查处。

二、处理过程与结果

2020 年 5 月 12 日，D 黄河河务局对当事人下达《责令（限期）改正通知书》，要求当事人于 2020 年 5 月 17 日前采取补救措施，恢复工程原貌。当事人蔡某成拒不停止违法行为、恢复黄河工程原貌，也没有申请行政复议和诉讼，且态度恶劣，多次实施防洪工程的损毁挖掘。经 D 黄河河务局集体讨论决定：移交 D 县公安局依照《中华人民共和国治安管理处罚法》处理。

2020 年 5 月 27 日移交，28 日 D 县公安局黄河派出所受理此案，由 D 县公安局对蔡某成作出拘留 10 日的行政处罚。当事人蔡某成恢复了堤防工程原貌，本案结案。

三、案件焦点

（一）蔡某成的行为违反了《防洪法》的有关规定

当事人蔡某成破坏防洪工程的行为违反了《防洪法》第三十七条的规定：“任何单位和个人不得破坏、侵占、毁损水库大坝、堤防、水闸、护岸、抽水站、排水渠系等防洪工程和水文、通信设施以及防汛备用的器材、物料等。”根据《防洪法》第六十条“违反本法规定，破坏、侵占、毁损堤防、水闸、护岸、抽水站、排水渠系等防洪工程和水文、通信设施以及防汛备用的器材、物料的，责令停止违法行为，采取补救措施，可以处五万元以下的罚款”的规定，实施行政处罚。

（二）蔡某成的行为是破坏防洪工程的违法行为

《防洪法》第六十条在规定给予行政处罚的同时，也规定了其他处理措施：“造成损坏的，依法承担民事责任；应当给予治安管理处罚的，依照治安管理处罚条例的规定处罚；构成犯罪的，依法追究刑事责任。”D 黄河河务局也可以将该案移送公安机关追究治安管理责任；破坏可能构成犯罪的，依法追究刑事责任；造成破坏的，应当进行赔偿。

四、案件点评

本案是当事人蔡某成因破坏防洪工程被 D 县公安机关依法行政拘留的典型案例。D 黄河河务局在当事人蔡某成拒不停止违法行为的情况下，及时将案件移交至公安机关，加大行政处罚的力度，使案件当事人受到应有的处罚，有效震慑了破坏水利工程的不法分子。

本案不足之处：D 黄河河务局虽将蔡某成破坏防洪工程案件移交至公安机关，但没有依法作出水行政处罚决定。水行政处罚的作出不影响将案件向当地公安部门的移送，也不违反《行政处罚法》（2017 年修订）第二十四条“一案不两罚”的规定，即当事人应该接受水行政部门的行政处罚，也应该受到公安部门的治安处罚，这样可能执法效果会更好。

黄河河道主管机关在办理破坏黄河工程的案件中，除予以行政处罚外，一是要注意造成破坏的赔偿问题，及时修复被破坏的工程；二是如果破坏的行为违反了治安管理处罚法，要及时将案件移交公安机关；三是如果破坏的情节严重，已经涉嫌刑事责任，要及时将案件移送司法机关（公安机关）追究刑事责任。

黄河河道主管机关的水行政执法人员，除熟知水行政处罚的相关法律规范外，还应当加强对民事侵权、治安管理处罚和刑事法律等法律法规的了解。

姚某在 J 黄河河道内违章建设加油站案

一、案情简介

J 区某浮桥加油站（简称浮桥加油站）始建于 2002 年，主要为黄河滩区群众提供加油服务。2017 年，姚某对其进行收购，发展成为现在的浮桥加油站，总体占地 5.45 亩，其中管理用房 6 间，加油机 3 个。浮桥加油站位于黄河河道内，虽取得营业执照、危险化学品经营许可证、成品油零售经营批准证书和 ×× 镇村镇建设规划许可证等相关证件，但是未经河道主管机关审批。

二、处理过程与结果

（一）河务部门行政执法

自 2017 年发展成为浮桥加油站以来，J 河务局积极与浮桥加油站负责人姚某沟通联系，督促其尽快拆除。2018 年，J 河务局配合地方政府开展河湖“清四乱”专项行动，对浮桥加油站下达限期拆除通知。2019 年 4 月，地方政府采取停电等强制措施，但一直未清除。

2019 年 6 月，J 河务局按照水利部黄河水利委员会陈年积案“清零”行动工作方案，对浮桥加油站进行勘查，详细了解其取得的地方政府有关许可手续情况。由于浮桥加油站未经河道主管机关许可，J 河务局向浮桥加油站下达了《责令限期改正通知书》《行政处罚事先告知书》。2019 年 7 月，浮桥加油站与地方政府协调后，负责人姚某主动到 J 河务局沟通处理，并承诺在迁建位置确定后将其拆除。

2019 年 10 月 15 日，J 河务局水政监察人员巡查确认浮桥加油站已经停止运营，但油罐和经营设施还没有拆除。10 月 23 日，省市河务部门、J 河务局及 ×× 镇人民政府现场办公，督促尽快拆除。10 月 24 日，J 河务局下达《行政处罚决定书》，限其于 10 月 29 日之前彻底清除。到期后，当事人未自行拆除。

2019 年 11 月 22 日，在 J 区河长办和 J 河务局共同监督下，×× 镇政府和浮桥加油站双方拆除了浮桥加油站设备、管理用房，恢复了河道原貌。

（二）复议机关行政复议

2019 年 12 月 12 日，浮桥加油站向黄委申请行政复议。因受新冠疫情的影响，黄委延期于 2020 年 5 月 20 日作出《行政复议决定书》（黄复决字〔2020〕第 1 号）：

维持J黄罚决字〔2019〕第1号《行政处罚决定书》，驳回申请人关于确认被申请人11月22日将申请人所经营的加油站拆除的行为违法且不是适格强拆执行主体的请求，驳回申请人关于等额赔偿所造成损失的请求。

（三）当事人提起行政诉讼

2020年6月2日，浮桥加油站向J区人民法院提起行政诉讼。其间，J河务局积极与J区人民检察院、J区人民法院、J区河长办等沟通联系，××镇人民政府为浮桥加油站选择了合适的地址。2021年2月23日，原告提出撤诉申请，J区人民法院准予其撤回起诉。

三、案件焦点

当事人姚某的行为违反了《防洪法》第二十二条第二款“禁止在河道、湖泊管理范围内建设妨碍行洪的建筑物、构筑物，倾倒垃圾、渣土，从事影响河势稳定、危害河岸堤防安全和其他妨碍河道行洪的活动”的规定，J河务局根据《防洪法》第五十五条“违反本法第二十二条第二款、第三款规定，有下列行为之一的，责令停止违法行为，排除阻碍或者采取其他补救措施，可以处五万元以下的罚款：（一）在河道、湖泊管理范围内建设妨碍行洪的建筑物、构筑物的；（二）在河道、湖泊管理范围内倾倒垃圾、渣土，从事影响河势稳定、危害河岸堤防安全和其他妨碍河道行洪的活动的”的规定，给予其以下行政处罚：自行拆除加油站并恢复河道原貌；罚款30 000元。

J河务局作出的上述行政处罚决定，对当事人姚某的违法事实定性准确，适用法律得当。

四、案件点评

本案是J河务局配合J区政府及相关部门，开展黄河下游滩区居民迁建工作，保护滩区生态环境，成功拆除在河道内未经批准建设加油站的典型河道案件。

（一）依法处理滩区经济发展与河道管理之间的关系

浮桥加油站自设立以来，主要为黄河滩区群众提供加油服务。随着黄河下游滩区居民迁建工作的开展，××镇滩区居民于2019年全部迁出，浮桥加油站没有存在的必要。

浮桥加油站虽然有地方政府颁发的营业执照、危险化学品经营许可证、成品油零售经营批准证书和××镇村镇建设规划许可证等合法证件，但是浮桥加油站位于黄河滩区，应取得河务部门的许可，不能破坏黄河滩区的生态，不能破坏黄河河道的正常管理秩序，不能影响黄河防汛安全的大局。

为落实“清四乱”和“河湖清违整治”决策部署，确保黄河河道行洪顺畅、保障黄河防洪安全，加强滩区河道的监督管理，J 河务局加大执法力度，对妨碍黄河河道行洪的浮桥加油站坚决予以清除。

（二）免除罚款的行政处罚似有不妥

根据 J 区人民检察院检察建议，特别在新冠疫情给以广大中小微企业为代表的民营经济发展造成巨大冲击情况下，为切实做到为民营企业发展纾困，经研究讨论，决定免除 J 河务局《行政处罚决定书》对浮桥加油站作出的 30 000 元罚款。虽然此举是为了更好地处理此案，但是免除行政处罚应当具有法定事由，经法定程序后作出免除决定。

（三）执法程序中需要注意的内容

J 河务局《行政处罚听证告知书》告知当事人可以自收到后 3 日内提出听证要求，浮桥加油站于 10 月 24 日收到告知书，按照规定可以于 10 月 27 日前提出听证申请。J 河务局于 10 月 24 日下达了《行政处罚决定书》，没有给浮桥加油站留足提出听证申请的时间。

L 水文站诉崔某某等毁损水文监测设施财产损害赔偿案

一、案情简介

2019 年 1 月 1 日 22 时，崔某某驾驶 G 建筑工程有限公司（简称 G 公司）所属的重型自卸货车卸完渣土后返回，因崔某某卸完渣土后未将车斗落下，重型自卸货车车斗在高速行驶中，挂断黄河 L 水文站水文监测船缆道钢索，造成水文测验吊船缆道严重受损，致使 J 黄河段水文测量工作一度中断，给黄河防凌、防汛预警和沿线调水安全带来严重隐患。事故发生后，为保障黄河水文监测工作的正常进行，黄河 L 水文站紧急借用替代勘测船进行工作。另查明，G 公司此前分别向中国人民财产保险股份有限公司某分公司和中国人民财产保险股份有限公司某支公司投保了交强险和 100 万元限额的商业三者险，该事故发生在保险合同有效期内。为维护受损的黄河水文监测设施权益，黄河 L 水文站向人民法院提起民事诉讼，请求人民法院判令各被告赔偿各项财产损失共计 50 多万元。

二、处理过程与结果

人民法院认为，被告崔某某驾驶涉案车辆，未尽到合理注意义务，挂断黄河水文监测船缆道钢索，造成水文监测设施损坏，应当赔偿原告黄河 L 水文站的经济损失。鉴于涉案车辆所属单位被告 G 公司已在中国人民财产保险股份有限公司某分公司及中国人民财产保险股份有限公司某支公司投保交强险和商业三者险，本案事故系发生在该保险合同有效期内，故被告崔某某侵权行为造成的损害后果，应由中国人民财产保险股份有限公司某分公司及中国人民财产保险股份有限公司某支公司承担保险赔偿责任，判决如下：中国人民财产保险股份有限公司某分公司及中国人民财产保险股份有限公司某支公司分别在交强险和商业三者险范围内向原告黄河 L 水文站履行保险赔偿责任，承担受损缆道修复建设费、借用替代勘测船保障工作支出的维修保养费、燃油费等费用共计 529 800 元。

判决生效后，经人民法院释明，中国人民财产保险股份有限公司某分公司及中国人民财产保险股份有限公司某支公司自动履行了判决义务。至此，受损的黄河水文设施全部及时获得了赔偿。

三、案件焦点

本案是一起破坏黄河水文监测设施的案件，涉及两种法律关系：一种是水行政管理法律关系，按照《水法》《防洪法》《水文条例》等规定，相应的水行政主管部门应当按照《水行政处罚实施办法》的规定，进行立案查处。另外一种是按照《中华人民共和国民法典》的规定，交通参与者违反交通法律规定而产生的民事侵权法律关系。

选择何种法律关系的方式来处理此案呢？从整个案情过程来看，黄河L水文站选择的是民事侵权赔偿的方式。

四、案件点评

本案是S省黄河巡回法庭第一案，入选该省某市中级人民法院公布的2020年度十大典型案例。黄河是中华民族的母亲河，人人都有保护黄河和爱护黄河水文设施的义务。黄河水文水质变化数据的测量采集工作具有十分重要的意义，直接影响着黄河防汛、防凌、水资源调配等国家重大决策。黄河水文监测设施的运行安全关系着黄河水文测量工作的及时性和准确性。

人民法院依法判决相关民事主体承担了赔偿责任，判决生效后不久，经人民法院释明，中国人民财产保险股份有限公司某分公司及中国人民财产保险股份有限公司某支公司自动履行了判决义务，受损的黄河水文监测设施全部及时得到了赔偿。

本案通过公正高效的司法裁判，充分体现了人民法院在保障黄河流域生态保护和高质量发展方面的司法担当精神。

本案的缺憾在于，黄河L水文站的上级单位没有按照《水法》《防洪法》《水文条例》等水事法律规定，给予当事人相应的水行政处罚。《防洪法》第三十七条规定："任何单位和个人不得破坏、侵占、毁损水库大坝、堤防、水闸、护岸、抽水站、排水渠系等防洪工程和水文、通信设施以及防汛备用的器材、物料等。"《防洪法》第六十条规定："违反本法规定，破坏、侵占、毁损堤防、水闸、护岸、抽水站、排水渠系等防洪工程和水文、通信设施以及防汛备用的器材、物料的，责令停止违法行为，采取补救措施，可以处五万元以下的罚款；造成损坏的，依法承担民事责任；应当给予治安管理处罚的，依照治安管理处罚法的规定处罚；构成犯罪的，依法追究刑事责任。"

也就是说，应当结合当事人毁损黄河水文监测设施的情形，给予当事人相应的水行政处罚，并按照情节移送公安机关予以治安管理处罚或者追究刑事责任。

简言之，民事赔偿责任不能替代水行政处罚，水行政处罚不能替代治安管理处罚或者刑事责任，彼此之间是并行不悖的。

陕西省 C 县与甘肃省 L 县泾河长庆桥河段水事纠纷案

2008 年 6 月 29 日上午 9 时左右，陕西省 C 县与甘肃省 L 县发生了群体械斗冲突事件，在不到 3 个小时内双方共集结了数百群众，造成 L 县 10 人、C 县 12 人不同程度受伤，其中，L 县重伤 1 人、C 县重伤 2 人；L 县 1 台施工机械被弃置河中，施工人员手机等财物被损。

冲突事件发生后，国务院、水利部和黄河水利委员会领导高度关注，时任国务院副总理回良玉、时任水利部部长陈雷和时任黄河水利委员会主任李国英分别作出重要批示，要求尽快平息事态，妥善处理好纠纷，确保奥运期间社会稳定。为此，水利部迅速组成应急处理工作组，紧急赶赴现场开展相关协调工作，并及时提出《应急处理意见》，甘、陕两省人民政府主要领导迅速作出批示，要求全力配合处理好纠纷。

一、纠纷的产生

泾河是黄河的二级支流、渭河的一级支流。泾河长庆桥河段地处甘、陕两省庆阳、平凉、咸阳三市交界处，河道左岸为甘肃省 L 县长庆桥镇，右岸为甘肃省平凉市 J 县和陕西省咸阳市 C 县。该河段为不对称的“U”形河谷，宽 980 ～ 2 000 米，河床宽 200 ～ 500 米，主槽宽 180 ～ 250 米，枯水面宽 8 ～ 25 米，左、右岸阶地非连续分布，一级阶地宽 500 ～ 1 500 米，二、三级阶地发育不明显。该河段属蜿蜒型河道，受河道历史变迁影响，河曲发育，上下河湾较多，受洪水威胁影响，左、右岸滩地淹没受损，右岸高滩地有塌岸现象存在。历史上，该河段没有设防，两岸仅有零星的防护设施。由于土地边界争议，双方一直争执不断，2001 年 2 月，陕、甘两省人民政府协商形成了《陕西省人民政府与甘肃省人民政府联合勘定的行政区域界限协议书》。

根据区域经济发展需要，甘肃省庆阳市委、市政府决定将长庆桥镇规划建设成为重要工业城镇和经济示范区。为此，市、县两级政府于 2007 年 8 月完成了示范区总体规划和控制性详细规划。长庆桥护堤工程作为长庆桥镇土地开发项目（包括土地平整、滩涂开发、护堤工程、道路工程等）的一部分，规划全长 17 千米，一期工程长 6.49 千米，其中，陕、甘两省交界段长 3.44 千米（包括陕西长武县境内的 965 米河段）。该工程由甘肃省庆阳市水利勘测规划设计院设计，2007 年 9 月 13 日由庆阳市发展和改革委员会批复立项，庆阳市水务局批准初步设计。工程按 30 年一遇洪水标准设计，概算总投资 814.62 万元，由 L 县长庆桥经济示范园区管委会负责实施。护堤工程为土质护堤，迎水面采用混凝土坡式衬砌，堤高 6 米，顶宽 3 米，底宽 18 米，坡比 1∶1.5。工程于 2007 年 10 月 8 日开工建设。

工程开工后，陕西省 C 县表示强烈反对，认为该工程建设未经协商，且部分工程在 C 县辖区，改变了泾河水势，影响了河道行洪，给右岸的防洪安全构成威胁。2007 年 11 月 3 日，C 县部分群众到施工现场阻拦，多次到 C 县政府上访。12 月 11 日，C 县政府、水利部门和当地乡村干部到 L 县进行协商，要求工程停工。陕西省咸阳市水利局于 12 月 14 日向甘肃省庆阳市发展和改革委员会发函，要求立即责成建设单位停止建设行为。甘肃方认为，护岸工程属小型水利工程，由庆阳市发展和改革委审批立项，庆阳市水务局批准实施符合法定程序，且工程规划设计充分考虑了上下游、左右岸的关系，工程建设不会对 C 县沿河群众生命财产安全造成威胁。

两岸水事纠纷由此产生。

二、纠纷的缘由

泾河长庆桥河段护堤工程纠纷产生的背景比较复杂，既有土地边界争议，又有工程建设本身纠纷，根本原因是护堤工程未按照水法律法规的规定进行审批建设。

（一）土地边界争议由来已久

历史上，由于该河段没有设防，滩岸经常冲刷变化，两岸因地界问题经常发生争议甚至械斗。中华人民共和国成立后，土地边界问题仍未彻底解决，一直争执不断。2001 年 2 月，陕、甘两省人民政府协商形成了《陕西省人民政府与甘肃省人民政府联合勘定的行政区域界限协议书》，同年 10 月国务院对《陕西省人民政府与甘肃省人民政府联合勘定的行政区域界限协议书》进行了批复。目前，C 县地掌乡司家河村 18 户群众和汤渠村 1 户群众，就居住在长庆桥境内，仍存在插花种地情况。历史上的矛盾隔阂，使该河段的水事活动变得非常敏感。

（二）有关单位和部门的水法规意识不强

按照《中华人民共和国水法》《中华人民共和国防洪法》《中华人民共和国河道管理条例》规定，禁止围垦河道，确需围垦的，应当经过科学论证，并经省级以上政府批准。在省际边界河道，未经有关各方达成协议或者国务院水行政主管部门批准，禁止单方面修建河道整治工程。泾河长庆桥河段护堤工程，在未与对岸协商的情况下，由庆阳市发展和改革委员会审批立项，属越权审批的违法工程。正是由于该工程的审批建设程序违反了水法规的有关规定，才最终导致纠纷的发生。

三、纠纷的处理

2007年12月，黄委接到情况反映后，认定长庆桥河段护堤工程建设，未经两岸协商达成协议，甘肃省庆阳市发展和改革委员会批准实施，违反了水法规规定，属越权审批，要求甘肃省水利厅调查核实，依法处理。鉴于L县护堤工程建设已引起两岸省际间的水事纠纷，黄委和黄河上中游管理局又多次发文，要求两省按照水利部《省际水事纠纷预防和处理办法》规定程序做好协调处理工作，并要求在有关各方达成协议前，任何一方不得改变河道现状，严禁单方面继续该河段护堤工程的施工。

为解决纠纷，双方县、市进行了多次协调，2008年5月6日两省水利厅也进行了协调，但始终未能达成一致意见。6月29日，矛盾进一步激化，发生了数百名群众参与的群体冲突事件。

事件发生后，国务院和水利部领导高度关注，时任国务院副总理回良玉和时任水利部部长陈雷作了重要批示，黄委非常重视，时任黄委主任李国英对纠纷处理工作提出了明确要求。鉴于该纠纷发生在北京奥运会举办前夕，且泾河已进入主汛期，为维护社会稳定，确保河道防洪安全，本着依法公正、科学合理、妥善解决的原则，黄委提出三步走的工作思路，即首先控制事态发展，停止引起纠纷的护堤工程建设；其次，尽快对护堤工程项目进行技术复核，分析研判，为纠纷处理提供技术支撑；最后，根据技术分析结果，提出处理意见，以最终有效解决纠纷。

（一）迅速采取应急措施，有效控制事态发展

冲突事件发生后，水利部迅速组成工作组（时任黄委副主任苏茂林为组长、时任水利部政法司副司长赵卫为副组长），于2008年7月2—5日紧急赶赴现场开展相关协调工作。工作组认真查看了现场并听取了C县和L县委、县政府有关情况的汇报，在全面掌握情况的基础上，为防止矛盾进一步激化，尽快平息事态，维护社会稳定，确保主汛期防洪安全，7月4日提出了六条应急处理意见。7月6日，黄委向甘、陕两省人民政府通报了情况，提出了要求。

与此同时，黄委坚持每天与甘、陕两省进行沟通协调，要求甘、陕两省及有关市县主动工作，化解矛盾，确保稳定。黄委及甘、陕两省水利厅派出现场巡查监督组，坚持对现场不间断巡查，及时掌握现场情况，并实行每日报告制度。

（二）开展技术分析论证，为纠纷处理提供依据

L县护堤工程建设是引起该纠纷的根源，为尽快找到科学合理解决纠纷的依据，2008年7月6日，黄委成立工程技术专家组，由时任黄委副总工程师翟家瑞带领黄河勘测规划设计有限公司、水文局、黄河水利科学研究院等单位的工程技术人员，赶赴现场开展工作。由于纠纷河段地形地貌资料缺乏，7月9日，黄委迅速安排测绘技术人员和测绘设备，组成4个测绘工作组共20余人，于当日到达现场开展测绘工作。

经过周密安排和紧张工作，专家组于7月10日完成了现场查勘、调研工作，7月14日完成了现场约10平方千米的河道和工程的外业测绘工作。

2008年7月21日，黄委工程技术专家组根据现场查勘、实地测量和历史资料，对L县护堤工程进行了全面的技术复核、分析研判，提交了《甘肃L县长庆桥护堤工程防洪影响分析报告》以及1∶10 000和1∶2 500的长庆桥河段护堤工程布置图。《甘肃L县长庆桥护堤工程防洪影响分析报告》分析研究了该河段水沙等自然条件、河势变化，以及护堤工程修建对河道排洪能力的影响，提出了对护堤工程的处理建议。

（三）根据技术分析结果，对护堤工程提出处理意见

根据技术分析结论，2008年7月22—23日，水利部和黄委组织甘、陕两省水利厅在郑州召开协调会议，对有关工作进行了认真研究。

鉴于泾河已进入主汛期，北京奥运会即将举办，为确保防洪安全，迅速解决纠纷，维护社会稳定，7月24日，根据黄委专家组对L县长庆桥护堤工程的防洪影响分析研判结论，经水利部同意，黄委向甘、陕两省人民政府发出《关于对泾河长庆桥河段护堤工程的处理意见》（简称《处理意见》），要求在8月3日前全部拆除影响行洪的护堤工程。

（四）护堤工程拆除和监督验收工作

甘、陕两省人民政府接到黄委《处理意见》后，高度重视，迅速作出部署安排。2008年7月25日，时任甘肃省水利厅厅长许文海和省政府办公厅组成的督查组抵达现场督查落实；当天庆阳市委、市政府召开专题会议，研究部署护堤工程拆除工作；宁县委、县政府迅速成立拆除工作领导小组，以及工程拆除组、技术指导组、维护稳定组等组织机构，制定拆除工作实施方案，倒排工期，逐日确定施工作业计划，其间投入了充足的施工人员和机械设备，坚持昼夜作业。陕西省对该河段防汛、社会稳定工作进行了全面部署。

为做好泾河长庆桥河段护堤工程拆除的监督检查和验收工作，2008年7月24日，由水利部黄河水利委员会、甘肃省水利厅、陕西省水利厅共同成立联合监督验收组。7月28日，联合监督验收组现场工作组进驻现场，坚持每日不定时现场督查，并将每日现场督查情况及时向黄委和甘、陕两省水利厅报告。督查过程中，现场工作组对施工进展情况进行了必要的实地丈量，对督查中发现的问题进行分析讨论，并及时向L县方面提出整改意见和要求。8月2日，联合监督验收组全体成员抵达现场，在听取现场工作组督查情况的汇报后，详细查看拆除现场，安排测绘人员进行了实地测量，根据现场情况提出了进一步的督查意见和要求，L县方面随即进行了整改落实。8月4日，联合监督验收组对拆除现场再次查看后，召开验收会议。验收组成员一致认为，泾河长庆桥河段护堤工程拆除工作基本符合《处理意见》要求，同意通过验收，并形成《泾河长庆桥河段护堤工程拆除验收意见》。

陕甘泾河长庆桥河段护堤工程纠纷发生在奥运会举办前的敏感时期，两岸群众矛盾尖锐，情况复杂，纠纷协调难度大。自2008年6月29日冲突事件发生后，在国务院，水利部，黄委和甘、陕两省人民政府领导的高度重视下，经过有关各级政府、部门和单位的共同努力及艰苦工作，引起纠纷和影响防洪的护堤工程拆除工作顺利通过验收。

张某山等非法采砂案

一、案情简介

2021 年 3—7 月，被告人张某山、章某晨、李某、丁某等出资，被告人洪某武、王某宏等提供采砂船，被告人章某伟、凌某华等提供运砂船，在未取得采砂许可证的情况下，以采运一体方式，共同在长江安徽铜陵段淡水豚国家级自然保护区河段（长江禁采区）非法采运江砂，共计 46 765 吨，价值 2 893 129 元。被告人马某玉明知是盗采的江砂，仍收购 1 700 吨并予以出售。经评估，张某山等非法采砂造成长江生态环境损害价值 5 157 476.86 元。

检察机关提起附带民事公益诉讼。

二、裁判结果

江苏省东台市人民法院认为，张某山等 32 名被告人违反矿产资源法的规定，未取得河道采砂许可证，在长江禁采期、禁采区从事采砂活动，均构成非法采矿罪；被告人马某玉明知江砂系盗采而收购，构成掩饰、隐瞒犯罪所得罪。张某山等 14 名被告构成共同侵权，应在各自参与非法采砂数量范围内承担连带赔偿长江生态环境损害的民事责任，其对受损的长江生态环境、渔业资源等直接恢复不具有可行性，可承担生态环境损害费用。张某山曾因犯非法采矿罪被判处刑罚，鲍某文在涉嫌非法采矿犯罪取保候审期间又实施非法采矿，应当承担惩罚性赔偿责任。分别判处张某山等 32 人有期徒刑四年六个月至一年，并处罚金 20 万元至 1.5 万元；判处马某玉有期徒刑一年六个月，缓刑二年，并处罚金 2 万元；没收各被告人违法所得 178 600 元至 300 元不等，没收江砂变卖款 734 757 元；张某山等 14 人按照各自参与犯罪部分，对造成的长江生态环境损害 5 157 476.86 元承担连带赔偿责任，并在国家级媒体上公开赔礼道歉；张某山、鲍某文对造成的长江生态环境损害，分别承担 135 445.02 元、12 688.88 元惩罚性赔偿责任。该判决已生效。

三、典型意义

长江是中华民族的母亲河，是中华民族发展的重要支撑。盗采江砂不仅破坏长江矿产资源和生态环境，还影响长江水势稳定、防洪和通航安全，具有严重危害性。

2021 年 3 月 1 日《中华人民共和国长江保护法》施行，张某山等“顶风作案”，在长江安徽铜陵段淡水豚国家级自然保护区河段有组织地盗采江砂。该案案情重大、复杂，公安部指定江苏公安机关侦办，最高人民检察院督办，最高人民法院依法指定江苏省东台市人民法院审理。在《中华人民共和国长江保护法》施行一周年之际，东台市人民法院在其黄海湿地环境资源法庭公开开庭审理该案并当庭宣判，各被告人均服判。该案审判贯彻最严法治观，落实宽严相济刑事司法政策和损害担责、全面赔偿原则，依法协调张某山等应当承担的刑事责任和民事责任，取得了较好的审判效果，体现了江苏法院环境资源“9+1”跨区域审判机制改革成果和专业化审判特色。按照《长三角环境资源司法协作框架协议》约定，江苏法院要将执行到位的生态环境损害赔偿金移交安徽法院，由安徽法院组织实施长江生态环境修复工作。该案是人民法院充分发挥环境资源审判职能作用，结合《中华人民共和国长江保护法》贯彻实施，强化对长江流域生态环境系统保护和一体保护的代表性案例。

（来源：选自最高人民法院发布的依法惩处盗采矿产资源犯罪典型案例）

张某胜等非法采石案

一、案情简介

2011—2016年，以被告人张某胜为首的恶势力团伙为垄断山东省东平县银山镇某村黄河岸堤山体的山石资源，以当地土地复垦项目为幌子，通过挖路、堵路、损毁设备等方式妨碍他人经营，并使用殴打、制造交通事故等手段打压其他经营者，迫使其他经营者向其转让经营权。2014—2018年，张某胜等未按项目要求的层高和范围进行土地复垦，在未取得采矿许可证的情况下，使用汽炮、挖掘机开采山石向外销售。其间，张某胜等对抗执法部门检查，多次随意殴打、恐吓、滋扰表达诉求的群众。经山东省地质矿产勘查开发局核查和东平县价格认证中心认定，张某胜等非法开采山石共计1 149 565吨，价值28 571 125元。经山东黄河水利工程质量检测中心认定，张某胜等非法采石已经危害到黄河防洪安全。

二、裁判结果

山东省东平县人民法院认为，被告人张某胜等未取得采矿许可证擅自采矿，均构成非法采矿罪，情节特别严重。分别判处张某胜等有期徒刑五年至四年，并处罚金300万元至10万元，所犯数罪依法并罚；追缴违法所得28 571 125元。该判决已生效。

三、典型意义

黄河岸堤是黄河防洪的天然屏障，也是黄河流域生态环境的重要组成部分。张某胜等结成恶势力团伙，以土地复垦项目为幌子，在黄河岸边山体盗采石料，危害黄河防洪安全，破坏黄河流域生态环境。人民法院贯彻落实“扫黑除恶”专项斗争的部署要求，依法严惩“矿霸”、坚持“打财断血”，从严追究张某胜等的刑事责任，并在判决生效后加大财产刑执行力度，全面调查、依法处置该恶势力团伙及其成员的财产，铲除其违法犯罪的经济基础。该案也是人民法院加强黄河流域环境资源保护的代表性案例，对惩戒和预防破坏沿黄山体的违法犯罪行为、保护黄河生态环境和行洪安全具有重要意义。

（来源：选自最高人民法院发布的依法惩处盗采矿产资源犯罪典型案例）

谢某俊等非法开采砂金案

一、案情简介

2011 年 3 月，被告人谢某俊之兄谢某有（另案处理）以给石头峡水电站等地提供砂石料为由，成立了门源县石头峡水电站扎麻图大红沟砂石料场，获得了河道采砂许可证及相关手续，谢某俊为该砂石料场法定代表人。同年 5 月起，谢某有、谢某俊购置帐篷等物品，租赁机械设备，雇用冶某某、谢某新、谢某云、谢某硕、马某贵，以采砂石料为幌子，擅自在该砂石料场内采挖国家规定实行保护性开采的砂金，共计 170 余千克，并将砂金以每克 290 至 300 元的价格，分多次出售给马某元。马某元将砂金价款转入谢某有、谢某俊、谢某录的银行账户，共计 44 599 340 元。

检察机关提起附带民事公益诉讼，在法院主持下，公益诉讼双方当事人达成调解协议。谢某俊承诺根据非法开采的矿山地质环境综合治理方案的要求履行生态修复义务，并登报向当地牧民赔礼道歉；若不能按期按要求恢复治理，则赔偿治理费用 1 040 668 元。

二、裁判结果

青海省门源县人民法院认为，被告人谢某俊违反矿产资源法的规定，以开采砂石料为名擅自采挖砂金，构成非法采矿罪，情节特别严重，判处有期徒刑五年六个月，并处罚金 300 万元；依法追缴全部违法所得。宣判后，谢某俊提出上诉。青海省海北藏族自治州中级人民法院裁定驳回上诉，维持原判。

三、典型意义

该案盗采地点位于青藏高原东北部边缘，属祁连山国家公园青海省片区。祁连山是黄河流域和河西内陆河流域重要水源产流地，是我国西部重要生态安全屏障，也是我国生物多样性保护优先区域。谢某俊等以合法的砂石料场和采砂许可证为掩饰，超出许可范围盗采国家实行保护性开采的砂金，不仅给特种矿产资源造成严重损失，也给生态环境造成严重损害。人民法院充分发挥环境资源审判职能作用，加强青藏高原和黄河流域环境资源司法保护，依法严惩谢某俊非法采矿犯罪行为，同时积极运用恢复性司法规则，支持谢某俊主动承担生态修复责任，对引导当地群众增强环境资源保护意识具有重要意义。

（来源：选自最高人民法院发布的依法惩处盗采矿产资源犯罪典型案例）

王某章、康某川等非法采砂案

一、案情简介

被告人王某章、康某川商定盗采海砂，将共有船舶改装成采砂船，另购买船舶改装成具备屯砂、出砂功能的过驳船；雇用被告人康某杰为船长，被告人康某河、康某强、姜某、康某滨等为船员，并商定采砂超过30船，每多采一船，船员就可以多拿到1 550元的奖金补贴，拿到的奖金按工资比例划分。2018年5月至2019年1月，王某章、康某川等多次驾乘采砂船，到闽江口和西犬岛附近海域盗采海砂，以每吨6～25元的价格出售给沙场或海上运砂船。经统计，王某章、康某川等盗采海砂共计30余万吨，除3 000余吨被公安机关查扣外，均被销售，造成矿产资源破坏价值319.5万元。

二、裁判结果

福建省连江县人民法院认为，被告人王某章、康某川等违反《中华人民共和国矿产资源法》的规定，未取得采矿许可证擅自开采海砂，均构成非法采矿罪，情节特别严重。在共同犯罪中，王某章、康某川系主犯，分别判处有期徒刑四年并处罚金15万元、有期徒刑三年四个月并处罚金10万元；其他被告人虽受雇用为盗采海砂犯罪提供劳务，但参与利润分成，系从犯，分别判处有期徒刑一年四个月至十一个月，并处罚金1万元至2 000元；没收犯罪所用的船舶。宣判后，王某章、康某川提出上诉。福建省福州市中级人民法院裁定驳回上诉，维持原判。

三、典型意义

海砂在我国分布广泛，是仅次于石油、天然气的第二大海洋资源。近年来，建筑市场对砂石需求旺盛，受利益驱使，沿海省份盗采海砂现象日益突出，严重威胁海洋地形地貌和海洋生态。王某章、康某川经精心组织、策划，为盗采海砂而专门改造船舶、雇用人员，采取连续作业方式，在闽江口等海域盗采海砂，严重破坏海砂资源和海洋生态。人民法院依法认定和区分主犯与受雇人员的责任并予以相应的刑事处罚，依法认定和处理用于犯罪的专门工具船舶，保障了依法严惩盗采矿产资源犯罪的总体效果，落实了宽严相济的刑事政策，体现了人民法院围绕国家海洋战略、以司法审判护航海洋生态文明建设的立场和导向。

（来源：选自最高人民法院发布的依法惩处盗采矿产资源犯罪典型案例）

严某洋、严某虎非法开采鹅卵石案

一、案情简介

2017 年 4—12 月，被告人严某洋、严某虎在未取得采矿许可证也未经水务行政部门批准的情况下，擅自在贵州省兴义市清水河镇联丰村泥溪河段开采鹅卵石。由严某洋负责召集、联系买主并雇用挖机、货车，由严某虎负责找工人及现场生产、管理、登记等事宜。二被告人将采出的鹅卵石运送至安龙县木咱镇，卖给徐某用于铺设人工河道，严某洋与徐某商定以每立方米 200 元的价格进行结算。二被告人非法开采的鹅卵石共计 1 146 立方米，收到徐某支付的款项 11.5 万元。案发后，二被告人到公安机关投案，严某洋退缴赃款 11.5 万元。

二、裁判结果

贵州省兴义市人民法院认为，被告人严某洋、严某虎违反矿产资源法的规定，未取得采矿许可证擅自开采鹅卵石，情节严重，均构成非法采矿罪。二被告人在共同犯罪中分工、合作，均为主犯。二被告人均构成自首，依法可以从轻或者减轻处罚。严某洋犯罪情节较轻，有悔罪表现，依法可以宣告缓刑。判处严某洋有期徒刑十个月，缓刑一年六个月，并处罚金 2 万元；判处严某虎有期徒刑八个月，并处罚金 1.5 万元，与其他犯罪并罚；没收违法所得 11.5 万元。该判决已生效。

三、典型意义

鹅卵石属于非金属矿产，与老百姓一般认识中的“捡鹅卵石”等行为不同，未经许可擅自有组织、大规模地盗采鹅卵石属于犯罪行为，不仅侵犯了国家矿产资源管理制度，导致矿产资源被破坏和无序利用，而且会对河滩地貌产生不利影响，造成地质结构和生态环境被破坏等后果。该案盗采地点位于贵州省兴义市清水河镇泥溪河段、国家级风景区马岭河峡谷旁，当地保留有布依族百年老屋和石板小道，民俗文化特征明显，留存有红军长征品甸战斗、泥溪河战斗革命遗迹，与马岭河峡谷景区自然景观浑然一体，是独具特色的人文历史资源、红色教育资源和绿色生态资源。人民法院坚持“像保护眼睛一样保护生态资源”理念和宽严相济刑事政策，在严格依法认定二被告人构成犯罪的同时，根据案情总体从宽处理，取得较好效果，在警示非法开采鹅卵石行为、引导当地群众增强法治意识和环保意识、推动矿产资源与“绿水青山”“红色文化”“民俗历史”一体保护等方面，均具有重要意义。

（来源：选自最高人民法院发布的依法惩处盗采矿产资源犯罪典型案例）

陆某兴、邱某红诉鹰潭市余江区水利局等违反安全保障义务赔偿案

一、案情简介

2021 年 7 月 8 日 13 点左右，原告陆某兴、邱某红之子陆某杰（十一周岁）随同村的朋友、同学共五人，来到位于鹰潭市余江区潢溪镇春潢大桥下的白塔河的河床上游泳，五人在游泳时，陆某杰不幸溺水死亡。两原告认为，被告鹰潭市余江区水利局作为该河段的主管单位，疏于监管、防护，违反了安全保障义务，导致两原告之子陆某杰溺亡，被告的行为与两原告之子陆某杰在该河床内溺亡具有一定的因果关系，存在过错，依法应当对陆某杰溺亡所造成的各项损失承担赔偿责任。

二、裁判结果

鹰潭市余江区人民法院经审理认为，事发河道并非向公众提供服务或以公众为对象进行商业性经营的场所，河道管理者亦非群众性活动的组织者，河道管理者对于此类野外河道的管理职责是维护河堤稳固，保证水流顺利通过，保障河道行洪的安全以及河道两侧人民群众在行洪时的生命财产安全，并无相关规定要求开放式河道的管理者在河道边设置防护栏杆等安全保障措施，河道管理者不属于安全保障义务人的范围，不负有安全保障义务。法院最终判决驳回原告陆某兴、邱某红的诉讼请求。宣判后，原、被告均未上诉，判决已经生效。

三、典型意义

《中华人民共和国民法典》第一千一百九十八条第一款规定，经营场所、公共场所的经营者、管理者或者群众性活动的组织者应当负安全保障义务。上述条款特别罗列的“经营场所、公共场所”是指宾馆、商场、银行、车站、机场、体育场馆、娱乐场所，法律对这类场所特别设定安全保障义务，是因为这类场所具有特殊性，这种特殊性主要表现在安全保障义务人与受保护的人之间的一种极为紧密的关系，如缔约磋商关系或合同法律关系等。判断一个单位是不是“经营场所、公共场所”，应当是与宾馆、商场、银行、车站、机场、体育场馆、娱乐场所具有类似性质的“经营场所、

公共场所”。野外的河道并非向公众提供服务或以公众为对象进行商业性经营的“经营场所、公共场所”，河道管理者不属于安全保障义务人的范围，不负有安全保障义务。本案裁判准确适用上述条款，确立了“经营场所、公共场所”的判断标准。两原告之子溺亡的确是令人深表同情的事实，但承担赔偿责任需要有明确的事实基础和法律依据，避免此类悲剧最有效的措施还是家长、学校加强对未成年人的安全教育。

（来源：江西法院2021年度贯彻实施民法典典型案例）